Azizul Hassan
Stella Mariam Sardar

Influência do marketing estratégico nos consumidores de serviços turísticos

Azizul Hassan
Stella Mariam Sardar

Influência do marketing estratégico nos consumidores de serviços turísticos

ScienciaScripts

Imprint

Any brand names and product names mentioned in this book are subject to trademark, brand or patent protection and are trademarks or registered trademarks of their respective holders. The use of brand names, product names, common names, trade names, product descriptions etc. even without a particular marking in this work is in no way to be construed to mean that such names may be regarded as unrestricted in respect of trademark and brand protection legislation and could thus be used by anyone.

Cover image: www.ingimage.com

This book is a translation from the original published under ISBN 978-3-659-83090-7.

Publisher:
Sciencia Scripts
is a trademark of
Dodo Books Indian Ocean Ltd. and OmniScriptum S.R.L publishing group

120 High Road, East Finchley, London, N2 9ED, United Kingdom
Str. Armeneasca 28/1, office 1, Chisinau MD-2012, Republic of Moldova, Europe
Printed at: see last page
ISBN: 978-620-8-25866-5

Índice:

Influência do Marketing Estratégico no Serviço de Turismo Consumidores

Stella Mariam Sardar

Azizul Hassan

Resumo

Esta investigação específica foi realizada para avaliar a influência das estratégias de marketing na atração de turistas para o Hotel Savoy. Para realizar esta investigação, foram adotados métodos mistos. Através de métodos de investigação qualitativa, o investigador discutiu o ciclo do turismo e o papel do planeamento no desenvolvimento do turismo. Além disso, foram realizadas entrevistas com a direção do Hotel Savoy, em conformidade com os métodos de investigação qualitativa. Foi realizado um inquérito com uma amostra de 100 pessoas que gerou uma taxa de resposta de 79%. Através deste inquérito, verificou-se que o Savoy Hotel toma medidas eficazes para atrair turistas. As estratégias de produto, de preços e de promoção do hotel foram muito eficazes. No entanto, alguns clientes empresariais e alguns novos clientes enfrentaram algumas dificuldades e preocupações relativamente às estratégias de marketing do Savoy Hotel. Verificou-se também que as tácticas de marketing nas redes sociais do hotel são altamente ineficazes para atrair turistas e também para ajudar os clientes existentes do hotel. Os resultados revelam que as estratégias de marketing do Savoy Hotel estão relacionadas com a atração de turistas. Recomenda-se que a direção do Savoy Hotel tome as medidas necessárias para atrair novos clientes e empresas. Além disso, o conteúdo das redes sociais também precisa de ser revisto para obter amplos benefícios do marketing nas redes sociais.

Capítulo 1

Introdução

1.1 Introdução

Esta investigação específica visa a avaliação das estratégias de marketing no sector hoteleiro da indústria do turismo. Este capítulo apresenta o contexto do estudo, bem como a sua finalidade e objectivos. O capítulo apresenta também o âmbito e a importância do estudo.

1.2 Contexto do estudo

O turismo é um dos sectores mais importantes do mundo. Ao mesmo tempo, é a indústria mais popular para as pessoas com fins recreativos. A maioria dos países tem um sector turístico altamente desenvolvido. Isto deve-se aos lucros substanciais obtidos com a indústria do turismo. Por outro lado, a indústria do turismo também enfrenta pressões do turismo estrangeiro, que se desenvolveu a níveis mais elevados devido ao desenvolvimento das tecnologias da informação. A indústria do turismo tem muitos objectivos diferentes que vão desde a obtenção de receitas à melhoria da imagem do país e ao desenvolvimento económico. Ao mesmo tempo, a indústria do turismo está rodeada por vários intervenientes que procuram na indústria do turismo a satisfação das suas necessidades e desejos específicos.

A este respeito, é importante compreender a importância do marketing eletrónico na perspetiva do desenvolvimento do turismo. As organizações da indústria do turismo adoptam várias tecnologias para promover os seus produtos e serviços. Neste contexto, é importante discutir o que é que a indústria do turismo engloba. Teo e Lim (2003) discutiram as fronteiras do sector do turismo e da hotelaria. Consideram que o turismo e a hotelaria são uma indústria ampla que inclui o sector dos serviços, como a exploração madeireira, os restaurantes, os parques temáticos, os centros de entretenimento, os serviços de gestão de eventos e os serviços de transporte. A este respeito, a indústria do turismo e da hotelaria vale vários milhares de milhões em todo o mundo. Teo e Lim (2003) dividiram a indústria do turismo e da hotelaria em oito domínios principais. Estes são: 1) alojamento, 2) turismo de aventura e recreação, 3) eventos e conferências, 4) serviços turísticos, 5) transportes, 6) comércio de viagens, 7) atracções, e 8) alimentos e bebidas. Todos estes sectores do turismo têm implicações na tecnologia da Internet e no emarketing.

Para o desenvolvimento do sector do turismo, o papel dos canais de marketing não pode ser negado. A promoção e o marketing de um destino turístico através de canais de televisão e de cinema é discutida por muitos autores que sugerem que estes canais de marketing estimulam a procura turística. Estes canais de marketing são de grande valor para aqueles que têm grande interesse no marketing do destino, porque projectam a imagem do destino turístico através da exposição nos meios de comunicação social. Scotter e Culligan (2003) também referiram que os destinos turísticos também enfrentam um enorme afluxo de turistas através da exposição da televisão e dos filmes. Ao mesmo tempo, os profissionais de marketing concentram-se sempre na promoção dos destinos turísticos locais. Estes estudos apontam para a importância dos canais de marketing na promoção dos destinos turísticos. Com o desenvolvimento tecnológico, o sector do turismo também sofreu algumas alterações nos seus esforços de marketing. A maioria dos esforços de marketing tem por objetivo promover a imagem dos destinos no mundo exterior através de vários canais, como a televisão, o cinema e outros canais de marketing. Estes canais de marketing influenciam as percepções dos turistas para estimular a procura. A este respeito, Ross (2002) salientou que as expectativas positivas dos turistas não podem ser determinadas a menos que exista uma relação substancial entre as organizações de turismo e os turistas. No entanto, os investigadores argumentaram que o aumento da procura turística é um reflexo do que os profissionais de marketing procuram para o desenvolvimento do turismo, a segmentação e o posicionamento dos destinos turísticos. Pu'hringer e Taylor (2008) sugerem que o marketing turístico pode influenciar tanto os impactos positivos como os negativos na indústria do turismo. Além disso, as dificuldades de gestão podem ser reguladas através de esforços de marketing de destinos.

Nas últimas duas décadas, a adoção de novas tecnologias, da tecnologia da informação e da Internet suscitou o interesse de académicos e investigadores para avaliar a influência da tecnologia no desenvolvimento do turismo. Na literatura, vários investigadores aprovaram quadros relativos à adoção das tecnologias da informação no desenvolvimento da indústria do turismo. Muitos estudos recentes avaliaram que a adoção das tecnologias da informação resultou na motivação dos turistas para visitarem destinos turísticos (Lynn et al., 2002; El-Gohary, 2010). O outro lado da história é que estes estudos não discutiram o impacto do e-marketing no desenvolvimento do turismo. O e-marketing é um conceito de marketing que é altamente observado e aceite nos países desenvolvidos. O emarketing parece ser um conceito novo para os países que têm infra-estruturas de tecnologias da informação deficientes, recursos limitados e uma concorrência intensa.

No que respeita ao desenvolvimento tecnológico, as redes sociais são uma preocupação importante. As ferramentas tecnológicas da Web 2.0 têm sido efetivamente utilizadas por muitas organizações para a comunicação entre empresas e entre empresas e clientes. Além disso, a comunicação entre clientes também é iniciada através das redes sociais e das ferramentas tecnológicas da Web 2.0 (Kietzmann et al., 2011). Esta era particular é atribuída aos meios de comunicação social e ao marketing na Internet, em que a Internet se transformou de um meio de difusão num meio em que as pessoas se tornam elas próprias meios de comunicação, porque podem colaborar com as empresas e com outros clientes para partilhar informações eficazes e valiosas sobre as ofertas das empresas (Thevenot, 2007 e Li & Wang, 2011).

Existe uma grande quantidade de estudos sobre a influência dos media sociais na tomada de decisões dos turistas e das organizações do sector do turismo (Scotter & Culligan, 2003; Xiang & Gretzel, 2010; Li & Wang, 2011). Estes investigadores elaboraram que a investigação sobre as redes sociais e as suas perspectivas no desenvolvimento do turismo pode beneficiar a indústria do turismo, propondo princípios adequados aos profissionais da indústria. Embora os estudos tenham discutido os benefícios e os potenciais resultados da influência dos meios de comunicação social no desenvolvimento do turismo, as percepções dos clientes e os riscos propostos pelos clientes relativamente aos meios de comunicação social e ao turismo não foram discutidos em pormenor. Por conseguinte, esta lacuna constitui um fator de motivação para a realização deste estudo.

O problema importante que motivou o investigador a realizar este estudo é compreender e conhecer as implicações do marketing (publicidade, promoções e marketing nas redes sociais) para as organizações de turismo no Reino Unido. Além disso, as percepções dos clientes no Reino Unido também serão discutidas neste estudo relativamente ao desenvolvimento do turismo e ao marketing de destinos.

O outro fator que motiva a realização deste estudo é o facto de as teorias e os conceitos do e-marketing estarem ainda numa fase embrionária e não estarem efetivamente estabelecidos. Por conseguinte, há uma grande necessidade de mais investigação sobre o marketing dos meios de comunicação social no sector do turismo. Este estudo específico destina-se a avaliar as implicações do marketing na indústria do turismo e também a analisar as percepções dos clientes relativamente ao marketing dos meios de comunicação social na indústria do turismo. O contexto do estudo apoia a motivação subjacente a este estudo para a análise das implicações de marketing na indústria do turismo.

1.3 Hipótese de estudo

A hipótese desenvolvida para a investigação é a seguinte:

H0: As estratégias de marketing não têm relação com a atração de turistas no Hotel Savoy.

H1: As estratégias de marketing têm relação com a atração de turistas no Hotel Savoy.

1.4 Objetivo do estudo

O objetivo desta investigação específica é:

"Estudar a influência das estratégias de marketing na atração de turistas no Hotel Savoy"

1.5 Objectivos do estudo

Os objectivos do estudo são os seguintes

- Estudar as teorias e os modelos de desenvolvimento turístico
- estudar o papel do planeamento turístico no desenvolvimento do turismo
- Examinar a influência dos esforços de marketing no desenvolvimento do turismo
- Estudar o papel do marketing nas redes sociais na atração de turistas
- Estudar as estratégias de marketing adoptadas pelo Hotel Savoy para atrair turistas

- Examinar a eficácia dos esforços de marketing do Savoy Hotel para atrair turistas
- Examinar os desafios das estratégias de marketing enfrentados pelo Savoy Hotel para atrair turistas

1.6   Questões de investigação

As questões de investigação do presente estudo são as seguintes

- Quais são as conclusões anteriores dos investigadores relativamente aos modelos e teorias do turismo?
- Qual é o papel do planeamento no desenvolvimento da indústria do turismo?
- Que tipos de estratégias de marketing são desenvolvidas pelo Savoy Hotel para atrair turistas?
- Como é que as redes sociais são integradas nas estratégias de marketing adoptadas pelo Savoy Hotel para atrair turistas?
- Quais são as desvantagens das estratégias de marketing do Savoy Hotel?
- Como é que o Savoy Hotel pode melhorar as suas estratégias de marketing para atrair turistas?

1.7   Importância e âmbito da investigação

Esta investigação específica foi realizada para avaliar a influência das estratégias de marketing no desenvolvimento das organizações turísticas. Este estudo é importante para colmatar a lacuna da literatura relativamente à influência do marketing dos meios de comunicação social nas organizações de turismo. Existe uma lacuna significativa na literatura relativamente à influência adequada do marketing dos meios de comunicação social nas percepções e atitudes dos clientes em relação à indústria do turismo. Os resultados do estudo podem ter fortes implicações para os académicos e os profissionais da indústria do turismo. Além disso, a direção do Savoy Hotel pode ter uma compreensão eficaz das percepções e atitudes dos clientes em relação aos seus esforços de marketing. O âmbito da investigação limita-se ao sector hoteleiro na indústria da hospitalidade e do turismo. Existem muitas sub-indústrias no sector do turismo. No entanto, este estudo específico centra-se no sector hoteleiro na indústria do turismo em geral. Por conseguinte, o âmbito desta investigação limita-se ao Savoy Hotel no Reino Unido. Para além disso, neste estudo específico, apenas é abordada a perspetiva das estratégias de marketing no desenvolvimento do turismo.

1.8   Pré-visualização da organização

O Savoy Hotel é um dos principais hotéis de luxo do Reino Unido. Está situado no centro de Londres. O hotel iniciou as suas actividades em 1889 (Savoy Hotel, 2012). Foi o primeiro hotel no Reino Unido propriedade da família Carte durante mais de um século. O Savoy Hotel introduziu edifícios de luxo, elevadores eléctricos, luzes eléctricas, quartos mobilados e um fluxo contínuo de água fria e de hotel em todo o edifício. Atualmente, o Savoy Hotel é gerido pela Fairmont Hotels and Resorts. É conhecido como um dos hotéis mais famosos de Londres devido à sua localização privilegiada em Savoy Place e no rio Tamisa. Em 2007, o hotel foi encerrado para grandes obras de renovação e, em 2010, foi reaberto aos clientes com um novo visual e ofertas (Mather, 2010).

1.9   Esquema de investigação

O estudo está dividido em seis capítulos. A influência das estratégias de marketing na atração de turistas é discutida em seis capítulos. Nesta secção, é apresentado um breve resumo de cada capítulo para ajudar os leitores do estudo a conhecerem o conteúdo do resto do estudo.

Chapter 1:   : Introdução

Este é o primeiro capítulo que descreve a finalidade e os objectivos da investigação. Este capítulo apresenta aos leitores o objetivo do estudo. Os objectivos e as questões de investigação foram apresentados no capítulo. O investigador também discutiu a importância e o âmbito do presente estudo. Finalmente, o breve resumo de todos os capítulos permite aos autores ter uma ideia do conteúdo do resto do estudo.

Chapter 2:   : Revisão da literatura

Neste capítulo, os estudos anteriores relativos ao turismo e à indústria hospitalar e às estratégias de marketing foram discutidos de forma crítica. Os modelos de desenvolvimento e crescimento do turismo, o papel do planeamento no desenvolvimento do turismo e as tácticas de marketing na indústria do turismo foram discutidos neste capítulo. A maioria dos estudos recentes sobre o marketing dos meios de comunicação social no desenvolvimento do turismo foi avaliada de forma crítica neste capítulo. Este capítulo revelou as lacunas da literatura na investigação sobre o desenvolvimento do turismo.

Chapter 3:   ee: Metodologia de investigação
Este capítulo centrou-se na abordagem, nos métodos e nos paradigmas de investigação adoptados para este estudo. Em primeiro lugar, foram discutidos os paradigmas de investigação. Em seguida, foram justificados os métodos e abordagens de investigação adoptados para este estudo. Os instrumentos adoptados para este estudo são também discutidos neste capítulo. Por último, os aspectos relativos à amostragem e à população deste estudo são também destacados na secção de metodologia.

Chapter 4:   r: Resultados da investigação
Este capítulo apresenta os resultados da investigação sob a forma de quadros e gráficos. Os dados recolhidos através de instrumentos de investigação primária foram tabulados e apresentados graficamente para analisar os resultados de uma forma eficaz. Este capítulo está interligado com o capítulo seguinte, que tem por objetivo a análise dos resultados. A apresentação gráfica dos resultados ajudou o investigador a ver as tendências dos dados.

Chapter 5:   e: Análise dos resultados
Neste capítulo, foi apresentada uma análise pormenorizada da influência das estratégias de marketing no desenvolvimento do turismo. O investigador relacionou as conclusões dos dados primários com as conclusões dos dados secundários neste capítulo através de discussões pormenorizadas. Esta relação entre os resultados dos dados primários e secundários ajudou o investigador a obter respostas às questões de investigação. Através de uma discussão pormenorizada, o investigador concluiu os resultados da investigação.

Chapter 6:   : Conclusão e recomendações
No último capítulo, o investigador concluiu as finalidades e os objectivos da investigação. O investigador analisou os objectivos da investigação de uma forma crítica. Este capítulo analisa o que a investigação pretendia ou esperava alcançar e o que foi alcançado. Com base na conclusão dos resultados da investigação, o investigador propôs recomendações à direção do Hotel Savoy para atrair turistas.

1.10 Resumo
Este capítulo da investigação informa os leitores sobre as finalidades, os objectivos e as questões de investigação. Além disso, o significado e a finalidade do estudo são também discutidos para mostrar a motivação subjacente a esta investigação. Finalmente, um breve resumo de todos os capítulos dá uma visão geral aos leitores sobre o conteúdo e a finalidade do resto do estudo.

Capítulo 2

Revisão da literatura

2.1   Introdução

Neste capítulo da investigação, foram discutidos os resultados da literatura relativa ao turismo e ao sector da hotelaria e restauração. Em primeiro lugar, foi explicada a definição do sector da hotelaria e restauração. Em seguida, foram analisados criticamente os modelos relativos à indústria da hospitalidade e do turismo. Este capítulo também lança luz sobre a influência das redes sociais no turismo. Por último, foram ilustrados os impactos do turismo nos aspectos sociais, económicos e ambientais da comunidade.

2.2   Introdução ao sector do turismo e da hotelaria

O turismo e a hospitalidade são uma área de negócio interdisciplinar que envolve vários recursos naturais e indústrias. O termo hospitalidade pode ser definido como uma prática ou ato de mostrar receção, hospitalidade e entretenimento a visitantes, convidados e estranhos, a fim de transferir boa vontade e prazer (Braun & Hollick, 2006). O termo "hospitalidade" é utilizado frequentemente para representar o sector da restauração e da hotelaria. Para além disso, o termo é também utilizado para representar produtos e serviços que são oferecidos aos clientes. Estes produtos e serviços podem incluir serviços de alimentação, viagens, alojamento, recreação, entretenimento e jogos de azar. A indústria hoteleira pode ser utilizada como sinónimo de diferentes organizações, tais como hotéis, motéis, quintas, restaurantes, pensões, parques de férias, cafés, lojas de fast food, catering, lojas de departamentos, clubes e catering industrial (Braun & Hollick, 2006).

Para estimular a estabilidade da indústria do turismo e da hotelaria, o planeamento desempenha um papel crucial. Isto porque, sem planeamento, podem surgir vários resultados desnecessários e imprevistos que podem causar insatisfação entre os visitantes e os turistas. Pode haver danos no ambiente cultural e natural e uma diminuição dos resultados económicos da indústria. Os resultados negativos de organizações de turismo e hotelaria não planeadas e o sucesso de estratégias de hotelaria e turismo devidamente planeadas sugerem que o desenvolvimento do turismo necessita de um planeamento adequado, que se refere à afetação apropriada de recursos nos destinos adequados, de modo a atrair visitantes e turistas (Formica, 2000). A indústria hoteleira pode ser classificada em várias empresas e sub-indústrias. Todas as empresas do sector da hotelaria e do turismo partilham os mesmos tipos de recursos e caraterísticas. Por exemplo, trabalham para o entretenimento dos clientes. Ao mesmo tempo, estas empresas diferem em vários aspectos. Por exemplo, os hotéis servem os clientes fornecendo-lhes alojamento, enquanto os restaurantes servem os clientes com produtos alimentares.

Os recursos necessários à indústria da hospitalidade e do turismo devem ser planeados de forma adequada. Vários investigadores têm defendido que os recursos turísticos devem ser planeados para o desenvolvimento da indústria do turismo. Para atingir os objectivos a longo prazo e o desenvolvimento dos destinos turísticos, a avaliação do planeamento dos recursos tornou-se crucial. Formica (2000) sugeriu que o planeamento é extremamente importante para revitalizar as áreas de destino e também para atrair outros locais para os clientes. Por outro lado, alguns investigadores descobriram os impactos do turismo no desenvolvimento de destinos turísticos comercializáveis (Clark & Scott, 2006; Hallin et al., 2008). Estes investigadores descobriram que a indústria do turismo tem alguns benefícios juntamente com os seus custos. Os custos da indústria do turismo estão muito associados aos turistas que destroem o ambiente natural quando visitam diferentes destinos turísticos. Na fase inicial, o planeamento da indústria do turismo centra-se nos benefícios económicos da indústria do turismo e ignora completamente os impactos sociais e ambientais do turismo. O planeamento do turismo nos aspectos de marketing está orientado para as necessidades dos turistas. No entanto, este planeamento deve centrar-se na gestão e no bem-estar da população de acolhimento. A população de acolhimento é muito importante no sector da hospitalidade, pelo que as suas necessidades devem ser tidas em conta. Vários investigadores argumentaram que a não consideração das necessidades da população de acolhimento resulta na destruição do ambiente natural, na perturbação dos valores sociais e culturais, na destruição do sistema económico e no declínio dos sistemas sociais (Gursoy et al., 2002; Hsu, 2000).

2.3 Planeamento na indústria do turismo

O planeamento do turismo não pode resultar no desenvolvimento a longo prazo da indústria do turismo se se concentrar apenas na avaliação dos recursos. Por conseguinte, o planeamento deve adotar uma abordagem holística em relação aos recursos. Nestas abordagens, uma consideração importante é a gestão da qualidade de vida dos residentes da comunidade que é afetada pelo sector da hotelaria e do turismo. Ao explicar os impactos do turismo na qualidade de vida dos residentes, a literatura tem-se centrado nas teorias do ciclo de desenvolvimento do turismo. As teorias propostas baseiam-se na capacidade de carga social da indústria do turismo (Smith, 1992; Gursoy et al., 2002). O principal objetivo destas teorias é que a qualidade de vida melhora nas fases iniciais do desenvolvimento do turismo. No entanto, atinge o nível de mudança aceitável. Para além deste limite, o desenvolvimento adicional do turismo pode causar mudanças negativas na indústria do turismo.

Butler (1980) debruçou-se sobre a questão do desenvolvimento insustentável da indústria do turismo. Elaborou este fenómeno através de modelos de ciclo de vida da indústria do turismo. Inicialmente, um pequeno número de turistas tem como objetivo explorar um destino natural, o que leva ao envolvimento da população anfitriã e, posteriormente, ao desenvolvimento desse destino turístico em termos de indústria hoteleira. Nas fases posteriores do desenvolvimento do turismo, o número de turistas aumenta e leva à consolidação e maturação do turismo de massas. Os investigadores argumentam que, a menos que os produtos e serviços da indústria da hospitalidade sejam revitalizados, a indústria do turismo conduz à estagnação e ao declínio final. Isto é óbvio quando a indústria do turismo fica saturada para além da sua capacidade de carga e faz do turismo uma indústria insustentável. A este respeito, os investigadores sugeriram que as comunidades de acolhimento têm uma capacidade específica para absorver visitantes e turistas. O crescimento do turismo para além deste limite pode levar à destruição dos sistemas ambientais e sociais dos países de acolhimento. A este respeito, o retorno do investimento no sector do turismo diminui.

Pyo (2005) sugeriu que, se a capacidade de carga do destino turístico for determinada, os resultados ambientais, sociais e económicos podem ser optimizados, minimizando os resultados negativos. Deste modo, o desenvolvimento sustentável da indústria do turismo é uma das áreas mais importantes da literatura sobre turismo. Os investigadores defendem que o desenvolvimento sustentável da indústria do turismo depende do nível de aceitação da comunidade de acolhimento para servir os turistas. A este respeito, a próxima secção da revisão da literatura centra-se nas teorias relacionadas com o desenvolvimento do turismo.

2.4 Modelo de ciclo de vida

O modelo de ciclo de vida é muito utilizado na literatura sobre o desenvolvimento de produtos. Vários investigadores, como Plog (2001) e Lundtorp & Wanhill (2001), elaboraram o modelo de ciclo de vida em relação à indústria do turismo. Sugeriram que o modelo de ciclo de vida na indústria do turismo é semelhante ao modelo de ciclo de vida dos produtos. Observou-se que os destinos turísticos seguem padrões consistentes de evolução do ciclo de vida. Este ciclo começa com a descoberta do destino e conduz ao crescimento e ao declínio do destino. Por outro lado, Butler (1980) adoptou uma abordagem complicada do modelo de ciclo de vida do destino turístico. Sugeriu que os destinos turísticos seguem um ciclo de evolução reconhecível. Adoptou uma curva em forma de S para demonstrar as fases dos destinos turísticos. Sugeriu seis fases pelas quais um destino turístico passa. Estas fases são: 1) fase de exploração, 2) fase de envolvimento, 3) fase de desenvolvimento, 4) fase de consolidação, 5) fase de estagnação, 6) fase de declínio. Na sua opinião, a evolução do destino turístico pode ser provocada por diferentes factores, como as necessidades e preferências dos visitantes, a deterioração dos recursos físicos do destino e as alterações do ambiente natural e cultural do destino turístico. Defendeu ainda que todos estes factores são responsáveis pela atração do destino turístico.

Haywood (1986) operacionalizou o Ciclo de Vida da Área Turística (TALC) de Butler. Contrariamente à visão do ciclo de vida de Butler, Haywood (1986) sugeriu quatro fases de evolução do ciclo de vida. Estas fases são: Estágio introdutório, estágio de crescimento, estágio de maturidade e estágio de declínio. Sugeriu que estas fases da evolução do turismo se baseiam na percentagem de visitantes que chegam a um determinado destino. Este modelo de evolução do destino turístico é semelhante ao ciclo de vida do produto. No entanto, Toh, Koh e Khan (2001) criticaram o modelo de evolução de Haywood (1986). Expandiram os critérios de Haywood (1986) para sugerir indicadores para o ciclo de vida do destino turístico internacional. Desenvolveram o modelo Travel Balance Account (TBA) para o desenvolvimento do turismo. Neste modelo, sugeriram que o desenvolvimento económico, bem como o desenvolvimento do turismo, gira em torno de quatro fases da conta de saldo de viagens desse país. Sugeriram ainda que o desenvolvimento económico e turístico do país depende do saldo das importações e exportações de turistas. Através do modelo Travel Balance Account (TBA), os académicos verificaram que Singapura se encontrava numa fase de declínio na indústria do turismo (Toh et al., 2001). Plog (2001) analisou a evolução das estâncias balneares utilizando o número de alojamentos em hotéis, o número de ocupantes em estâncias balneares e o número de áreas turísticas relacionadas com o emprego. Verificaram que, devido ao desenvolvimento das praias, o número de hotéis mudou da beira da praia para as cidades.

Muitos investigadores exploraram a relação entre a qualidade de vida e o desenvolvimento do turismo. Por exemplo, os estudiosos identificaram indicadores de qualidade de vida como o desenvolvimento económico, o crescimento do emprego e a educação (Shaw, 2009; Xiang et al., 2007). Os autores efectuaram um cálculo exaustivo das despesas de turismo per capita de um país, dividindo as despesas totais de turismo pela população total do país. Através destes cálculos, os autores descobriram que o nível de imigração do desenvolvimento do turismo é mais de duas vezes superior ao de qualquer outro país.

A maioria dos destinos turísticos situa-se em cidades e zonas desenvolvidas. A este respeito, Gursoy, Jurowski & Uysal (2002) discutiram o impacto do desenvolvimento do turismo na qualidade de vida das pessoas das zonas rurais. Através de várias medidas, concluíram que o desenvolvimento do turismo desempenha um papel importante na melhoria da qualidade de vida das pessoas de uma determinada comunidade. Os investigadores argumentaram que as percepções das pessoas em relação à vida comunitária variam com o desenvolvimento do turismo nessa comunidade específica (Toh et al., 2001; Plog, 2001). A qualidade de vida das pessoas é determinada com base no rendimento proveniente do turismo. Os autores concluíram que o desenvolvimento do turismo a um nível mais baixo é benéfico para os residentes do destino turístico. Por outro lado, verificaram que, devido ao elevado nível de desenvolvimento do turismo, as percepções das pessoas relativamente à qualidade de vida diminuíram. Na secção seguinte, são apresentadas as fases do ciclo de vida do turismo:

2.4.1 Fase inicial

A primeira fase do ciclo de vida do turismo é a fase inicial. Plog (2001) sugeriu que o envolvimento do turismo é identificado por um pequeno número de visitantes num determinado destino turístico. Verificaram que os planos de viagem dos turistas se baseiam em padrões irregulares de visita. Os turistas podem ser visitantes não locais que visitam um determinado destino devido à sua natureza única ou a outras caraterísticas históricas. Nesta fase, não existem instalações desenvolvidas e extra ordinárias para os turistas. O ambiente físico e social do destino turístico permaneceria inalterado nesta fase. Além disso, o impacto do turismo no desenvolvimento cultural e social dessa zona seria reduzido. O exemplo mais óbvio desta fase pode ser a América Latina e o Ártico canadiano, que atraem turistas devido aos seus atributos naturais e culturais. Nesta fase, o número de turistas é baixo em comparação com o número de turistas em fases superiores. Lundtorp e Wanhill (2001) sugeriu que, nesta fase, o número de turistas é inferior a 9% do máximo e aumenta gradualmente. Ao contrário, Toh et al. (2001) concluíram que, nesta fase, um país recebe um número limitado de turistas de países desenvolvidos, o que resulta num pequeno excedente da balança de viagens.

2.4.2 Fase de crescimento

Nesta fase, o número de turistas aumenta. Nesta fase, o destino turístico primitivo ou subdesenvolvido transforma-se num destino turístico comercializável bem definido, que é definido por uma forte publicidade no sector do turismo. O desenvolvimento nesta fase resulta na redução do envolvimento local e no desaparecimento dos organismos locais. Além disso, os pequenos prestadores de serviços locais são substituídos por instalações grandes e actualizadas que são fornecidas por organizações desenvolvidas (Woods & Deegan, 2006). Esta fase é também caracterizada pelas atracções culturais e naturais do destino turístico. Nesta fase, as atracções naturais são substituídas por serviços que são fornecidos por instalações importadas. Nesta fase, o número de visitantes é igual ou superior ao da população local permanente desse destino. Para além disso, a taxa de crescimento anual de turistas é mais de metade do desvio padrão do crescimento anual total para todo o período (Plog, 2001). Lundtorp e Wanhill (2001) sugerem que, nesta fase, o crescimento anual do turismo aumenta de forma constante até atingir o máximo e o destino turístico estabeleceu-se como um local comercializável. Sugeriram também que o volume de turistas aumenta 50% da capacidade do mercado. Os académicos referiram que, nesta fase, alguns turistas de países em desenvolvimento começam a visitar o destino turístico, mas a taxa de crescimento dos turistas excede as importações de viagens e resulta num saldo positivo de viagens desse país (Toh et al., 2001).

2.4.3 Fase de maturidade

A fase seguinte do modelo de ciclo de vida é a fase de maturidade, também conhecida como fase de estagnação. Nesta fase, o número de visitantes atingiu o seu nível máximo. Esta fase é caracterizada pelo nível máximo de variáveis e problemas nos sistemas sociais, ambientais e económicos da população local. Com o número máximo de visitantes, a área será altamente desenvolvida, mas isso não prevalecerá mais (Woods, 2006). Nesta fase, as organizações dependem da visitação repetida e de formas semelhantes de tráfego turístico. Como o número de visitantes está no pico, as organizações turísticas necessitam de instalações de alojamento adicionais. Nesta fase, o número de visitantes começa a diminuir devido à comercialização, ao desenvolvimento excessivo e à destruição do ambiente natural do país . Além disso, o rápido desenvolvimento económico e os elevados níveis de rendimentos resultam num rápido crescimento das importações na indústria do turismo. Plog (2001) sugeriu que, nesta fase, o tipo de visitante começa a mudar devido a alterações nas atracções naturais. Na fase de maturidade, as atracções naturais e ambientais são dominadas por atracções artificiais importadas da região. As instalações existentes nos locais turísticos estão a ser substituídas por instalações artificiais. Além disso, tem havido mudanças frequentes na estrutura de propriedade das organizações turísticas.

2.4.4 Fase de declínio

A última fase do ciclo de vida é a fase de declínio, em que o número de visitantes começa a diminuir. Nesta fase, o destino turístico começa a perder a sua capacidade de competir com as novas atracções turísticas e também enfrenta um declínio no mercado. A zona turística deixa de ser atractiva para os visitantes devido à destruição das atracções naturais e ambientais e à substituição por instalações artificiais. Na fase de declínio, as atracções turísticas são muito utilizadas para fins-de-semana e viagens (Woods & Deegan, 2006). Nesta fase, a rotação de propriedade das organizações é elevada porque as instalações turísticas são substituídas por estruturas que não são turísticas. Por exemplo, os hotéis podem tornar-se casas de repouso, casas antigas, apartamentos convencionais e condomínios. Isto deve-se ao facto de as atracções turísticas nesta fase serem atractivas para as pessoas que procuram alojamento permanente, especialmente para os idosos. A este respeito, devido ao desaparecimento das zonas turísticas, estas zonas tornam-se menos atractivas para os turistas. Como resultado, a zona turística transforma-se num verdadeiro bairro de lata para os turistas ou perde a sua atração turística (Lundtorp & Wanhill, 2001). Um facto interessante nesta fase é que o envolvimento local no turismo começa a aumentar. Isso ocorre porque os residentes locais e os funcionários das organizações compram instalações e serviços a preços baixos com o declínio do mercado. Consequentemente, o foco das organizações turísticas começa a mudar para produtos e serviços de valor acrescentado e de alta tecnologia, com menos foco no desenvolvimento do turismo.

A fase de declínio foi descrita pelos académicos como uma fase em que os turistas ricos começam a aumentar, o que leva a um aumento das importações de turismo em comparação com as exportações de turismo, conduzindo a um saldo negativo da conta de viagens desse país (Toh et al., 2001). Estas tendências no sector do turismo podem ser amplamente observadas nas antigas estâncias turísticas. Nesta fase, os sistemas económicos, sociais e ambientais da zona turística deterioram-se a grande velocidade. Este declínio incute nos residentes locais a perceção de um declínio da qualidade de vida. A qualidade de vida das pessoas é também afetada pela evolução tecnológica. A este respeito, a próxima secção ilustrará a relação entre as redes sociais e a indústria do turismo.

2.5 Redes sociais e sector do turismo e da hotelaria

Os meios de comunicação social referem-se à combinação de várias aplicações e ferramentas da Internet que permitem aos utilizadores criar, modificar e trocar conteúdos específicos numa base contínua (Noone et al., 2011). Os meios de comunicação em linha têm sido muito utilizados por pessoas de todo o mundo. A este respeito, os meios de comunicação social também podem ter impacto na indústria do turismo. As redes de redes sociais estão a expandir-se de dia para dia. Por exemplo, no Facebook, havia 845 milhões de utilizadores activos em dezembro de 2011 (Facebook, 2011). Destes utilizadores, 425 milhões eram utilizadores de aplicações móveis do Facebook. Se todos os utilizadores do Facebook forem combinados sob a forma de um país específico, este constituirá o terceiro maior país do mundo em termos de população, a seguir à China e à Índia. Para além disso, a cada minuto, são carregadas 60 horas de vídeos no YouTube. Observou-se também um aumento consistente do número de tweets no Twitter. O número médio de tweets no Twitter era de 140 milhões em fevereiro de 2011. Além disso, verificou-se um aumento de 182% nos utilizadores de telemóveis em 2011 (YouTube, 2011). Estes números ilustram que as redes sociais estão a ter um grande peso na vida das pessoas. Kaplan & Haenlein (2010) sugeriram que as redes de redes sociais não são apenas utilizadas por adolescentes, mas também por pessoas da geração X. A este respeito, a melhoria das condições económicas dos países em desenvolvimento resultou num aumento significativo do número de pessoas que utilizam a Internet e participam em redes de redes sociais (Violino, 2011).

2.6 Redes sociais vs. meios de comunicação tradicionais

Os meios de comunicação social são diferentes dos meios de comunicação tradicionais em vários aspectos. A diferença mais importante entre os dois meios de comunicação é a participação dos utilizadores. Ambos os meios servem para chegar aos consumidores e informá-los sobre os produtos e serviços oferecidos por diferentes organizações. No entanto, os meios de comunicação tradicionais não permitem que os consumidores comuniquem as suas opiniões às organizações, mas as redes sociais fazem-no. O número de utilizadores das redes sociais tem vindo a aumentar de dia para dia. Estes utilizadores podem ser utilizados eficazmente pelas organizações para fins comerciais. Kasavana (2008) sugeriu que as empresas de marketing utilizem software de dados adequado e personalizado para armazenar e acompanhar o comportamento dos consumidores e também para modificar os seus produtos de acordo com as necessidades e preferências dos clientes. Descobriu também que as empresas de marketing utilizam estes resultados para medir a eficácia das estratégias de marketing das organizações em relação ao retorno do investimento e a outros indicadores de desempenho de marketing.

2.7 Redes sociais e sector do turismo e da hotelaria

No sector do turismo e da hotelaria, as redes sociais desempenham um papel eficaz. As redes sociais têm implicações únicas no sector da hotelaria e restauração. As redes de comunicação social são eficazes para os sistemas de classificação destinados a gerar, monitorizar e avaliar a imagem e a reputação das empresas (Yang, 2007). Starkov e Mechoso (2008) sugeriram que os comentários gerados pelos consumidores em linha são altamente credíveis em comparação com os conteúdos gerados através de qualquer outra fonte. No sector da hotelaria e do turismo, as redes sociais são rentáveis para atrair e reter clientes. Sem acrescentar qualquer outro sistema, as redes sociais podem ser utilizadas pelas empresas para aceder a informações sobre os utilizadores activos. É importante notar que as redes sociais são facilmente acessíveis e que os utilizadores têm diferentes formas de interagir com elas. Com o enorme crescimento das redes sociais, muitas empresas do sector da hotelaria e restauração entraram no espaço em linha. As redes sociais são uma forma económica e rápida de interagir com os clientes. A este respeito, as empresas de hotelaria estão a interagir proactivamente com os clientes através de soluções personalizadas e de um serviço de apoio ao cliente reativo (Kasavana et al., 2010). As opiniões dos consumidores online são muito aceites pelas empresas de turismo. As empresas turísticas criaram os seus perfis nas redes sociais para permitir que os clientes forneçam as suas opiniões sobre os serviços. Neste sentido, as redes sociais funcionam como uma ferramenta interactiva para as empresas de hotelaria. Os clientes têm a oportunidade de criar os seus perfis, partilhar opiniões, histórias, sentimentos e fotografias por fazerem parte da empresa de hotelaria. Neste sentido, as redes sociais podem ser ferramentas eficazes para obter vantagens competitivas (Kasavana et al., 2010).

2.8   Redes sociais e marketing

A comunicação com os clientes é de grande importância nos tempos modernos (Berkowitch, 2010). A importância das redes sociais tem vindo a aumentar a um ritmo acelerado devido à comunicação com os consumidores. Nas actividades de marketing, o branding, as relações públicas e o serviço ao cliente permitem que as empresas cheguem aos clientes. Isto é feito, em grande medida, através das redes de redes sociais (Berkowitch, 2010). A este respeito, medir a eficácia das redes sociais é uma consideração importante. Stelzner (2010) sugeriu que quase 90% dos profissionais de marketing estão a utilizar as redes sociais para o marketing das suas empresas. As organizações relataram benefícios significativos da utilização das redes sociais para a comercialização de produtos e serviços. Foi referido que as redes sociais são altamente eficazes para a sensibilização e a publicidade da marca.

As redes sociais móveis estão a aumentar com o avanço da tecnologia. Quase nove em cada dez pessoas nos Estados Unidos utilizam telemóveis, dos quais 33% utilizam smartphones, que são uma boa fonte de marketing móvel (Stelzner, 2010). Devido a este aumento de utilizadores de telemóveis, as empresas de todo o mundo estão a virar-se para o marketing móvel (Kaplan, 2012). Este enorme aumento dos esforços de marketing móvel é altamente aceite pela indústria da hotelaria e do turismo.

2.9   Impactos no turismo

O sector do turismo e da hotelaria tem impactos duradouros nas áreas de destino em vários aspectos. Os investigadores sugeriram que a indústria da hospitalidade e do turismo tem impacto nas áreas de destino em termos económicos, ambientais, sociais e culturais (Holden, 2010).

Em termos económicos, a indústria do turismo gera emprego para as pessoas e serve de instrumento para a obtenção de divisas. Verificou-se que, para as economias emergentes, a indústria do turismo produz retorno sobre o investimento, melhora o nível de vida e traz tecnologia. Neste sentido, as organizações do sector da hotelaria e do turismo podem promover-se proporcionando benefícios económicos às áreas de destino locais. Vários estudos elaboraram resultados económicos positivos da indústria do turismo e da hotelaria (Jayawandera, 2003). Os estudos revelaram que os residentes locais sentem que o turismo os apoia economicamente, pelo que apoiam a indústria do turismo e da hotelaria. Além disso, os residentes locais também consideram que o turismo e a hotelaria aumentam o seu nível de vida e fornecem divisas ao país. A este respeito, alguns investigadores concluíram que os residentes locais concordam que os benefícios económicos da indústria do turismo e da hotelaria são superiores ao custo social da indústria (Weaver & Lawton, 2001). Vários investigadores sublinharam as oportunidades de emprego geradas pelo turismo e as receitas que a comunidade obtém do turismo.

Tosun (2002) efectuou um estudo comparativo sobre as oportunidades de emprego geradas pelo sector do turismo na Turquia, Urgup, Nadi, Flórida Central e Fiji. O estudo concluiu que o turismo tem um impacto positivo nas oportunidades de emprego. Os investigadores sugeriram que o sector do turismo e da hotelaria gera novos postos de trabalho (Weaver & Lawton, 2001; Tosun, 2002). Os investigadores descobriram também que estas oportunidades de emprego acrescidas podem transformar-se em desemprego pesado quando o turismo termina. A este respeito, a natureza sazonal da indústria do turismo perturba a estrutura de emprego de uma comunidade devido à saturação excessiva da indústria. Alguns investigadores sublinharam os impactos económicos negativos causados pelo aumento do preço dos produtos e serviços que são percebidos pelos residentes locais (Tosun, 2002; Weaver & Lawton, 2001). Estudos efectuados por Hall (2004) sugeriram que existe uma relação entre o aumento do turismo e o aumento dos preços dos bens e serviços. Foi sugerido que o preço dos terrenos aumenta em consequência do aumento do turismo. Hall (2002) concluiu que o custo de construção de um hotel ou estância turística aumenta entre 1% e 20% com o aumento do desenvolvimento no local. Weaver e Lawton (2001) concluíram que o turismo tem um impacto negativo no custo dos terrenos. Descobriram que o turismo aumenta o custo dos terrenos e os preços dos imóveis em 70%.

Alguns estudos tiveram um impacto negativo nos sistemas sociais do destino turístico. O turismo pode trazer vários problemas sociais, como a aglomeração de pessoas, a poluição e o tráfego. Para além disso, alguns estudos salientaram as tendências sociais negativas, como o jogo, a mendicidade e o tráfico de droga (Hall, 2002). Ao contrário, alguns estudos concluíram que o turismo conduz a um aumento do congestionamento do tráfego e do consumo de álcool. Ao mesmo tempo, o turismo proporciona oportunidades de lazer através da melhoria de instalações como estradas, parques, estâncias turísticas e hotéis. Alguns investigadores consideram que o turismo resulta num aumento da taxa de criminalidade e dos comportamentos anti-sociais das pessoas. Um estudo realizado por Yang (2010) sugeriu que o desenvolvimento da indústria do turismo pode resultar em abuso de drogas, prostituição, corrupção e doenças relacionadas com o sexo.

Apesar destes impactos sociais negativos do turismo, verifica-se que o turismo contribui para o desenvolvimento do artesanato e da arte originais das áreas de destino. Ao mesmo tempo, alguns estudos criticam o facto de o turismo provocar a destruição dos valores sociais e culturais das comunidades locais (Schianetz et al., 2007). A este respeito, existe uma elevada probabilidade de diluição da cultura nas áreas de destino, porque os turistas são os seus próprios valores e culturas. Ao examinar os impactos do turismo, os impactos ambientais nunca podem ser ignorados. Em geral, sugere-se que o turismo está associado a resultados positivos e negativos nas áreas social, ambiental e económica.

2.10 Conclusão

Em conclusão, pode dizer-se que o sector do turismo e da hotelaria é muito diversificado e dinâmico. Inclui várias áreas e actividades. Tal como muitos outros sectores, o sector da hotelaria e restauração também passa por fases do ciclo de vida. A este respeito, o sector da hotelaria e do turismo passa por quatro fases: a fase de desenvolvimento, a fase de crescimento, a fase de maturação e a fase de declínio. Em cada fase do ciclo de vida, desenvolvem-se novas tendências no sector do turismo. As organizações respondem às tendências em diferentes fases do ciclo de vida. Na literatura, o modelo de ciclo de vida na indústria do turismo é explicado por diferentes designações. A fase de desenvolvimento refere-se à fase inicial em que as empresas começam a desenvolver os seus hotéis, estâncias ou instalações. A fase de crescimento traz um aumento do número de turistas e a fase de maturação refere-se ao número máximo de turistas num destino. A fase final do ciclo de vida traz um declínio no número de turistas devido a alterações na estrutura do mercado. A literatura também refere que as redes sociais têm um impacto duradouro no sector do turismo e da hotelaria. A literatura conclui que o sector do turismo e da hotelaria está relacionado com consequências negativas e positivas generalizadas na economia, no ambiente e nas tendências sociais da comunidade.

Capítulo 3

Metodologia de investigação

3.1 Introdução

A investigação é um processo importante de análise ou de investigação de uma questão. A realização de uma investigação pode ter vários objectivos, tais como aumentar os conhecimentos, responder a uma pergunta, desenvolver uma nova teoria, desenvolver novamente uma teoria existente ou criar uma nova ideia. Os investigadores também analisam as lacunas existentes na investigação. Existem dois tipos de investigação. Um é a investigação científica e o outro é a investigação social. A investigação científica visa explorar um determinado fenómeno através de métodos de investigação científica. Por outro lado, a investigação social visa analisar as atitudes e os comportamentos das pessoas numa determinada sociedade. A investigação social também se preocupa com a análise dos pressupostos, valores e tendências das sociedades (Pan, 2011). Na investigação social, estão envolvidos diferentes tipos de factores ou variáveis que têm impacto nos comportamentos e atitudes das pessoas (Aneshensel, 2002). As organizações também realizam investigação para analisar as estratégias de marketing ou as estratégias dos concorrentes. Pode haver muitos outros objectivos para as organizações realizarem investigação, tais como descobrir a perceção dos clientes relativamente a um novo produto ou o impacto de novas políticas de recursos humanos nos empregados. Esta investigação específica é realizada para descobrir a influência das tácticas de marketing, como a publicidade e as promoções, no desenvolvimento do turismo. Para realizar esta investigação, o investigador adoptou uma abordagem sistemática, um método, uma filosofia e uma estratégia de recolha de dados. Este capítulo tem como objetivo descrever e justificar a metodologia adoptada para esta investigação específica.

3.2 Filosofia da investigação

Para realizar uma investigação, é importante definir os seus antecedentes, pressupostos e convicções. Estes aspectos da investigação são determinados pela filosofia da investigação. Os académicos sugeriram que a filosofia de investigação determina as percepções e atitudes do investigador para desenvolver o esquema de estudo (Saunders et al., 2007). Para determinar a influência das tácticas de marketing no desenvolvimento do turismo, o investigador identificou várias filosofias de investigação e justificou-as com base nos critérios dos objectivos do estudo. O investigador analisou as filosofias do construtivismo social e do positivismo com base nos objectivos do estudo.

Em primeiro lugar, a filosofia analisada pelo investigador é o construtivismo social, através do qual podem ser analisadas as percepções e os comportamentos dos indivíduos. Um inconveniente importante desta filosofia é o facto de os investigadores concluírem os resultados da investigação expressando a sua própria opinião (Booth et al., 2008). A este respeito, esta filosofia pode incluir parcialidade nos resultados finais. Neste contexto, o investigador não adoptou esta filosofia de investigação para estudar a influência das tácticas de marketing no desenvolvimento do turismo.

Em seguida, o investigador analisou a filosofia do positivismo para a aplicar na investigação da influência das estratégias de marketing no desenvolvimento da indústria do turismo. A filosofia do positivismo tem por objetivo explorar as teorias e os modelos relativos ao tema da investigação. Com base nos dados existentes, o investigador formula hipóteses para testar os objectivos da investigação (Saunders, Lewis e Thornhill, 2007). A filosofia do positivismo é útil para o presente estudo porque utiliza métodos científicos e dados qualitativos e quantitativos. A este respeito, esta filosofia tem mais probabilidades de gerar resultados lógicos do estudo atual. O investigador utilizou esta abordagem para estudar a influência das tácticas de marketing no desenvolvimento do turismo. A este respeito, a investigação estudou teorias e modelos anteriores relativos ao turismo e propôs hipóteses. Além disso, os dados qualitativos e quantitativos também são incorporados em consonância com o positivismo.

3.3 Métodos de investigação

Os métodos de investigação referem-se à técnica principal através da qual os objectivos da investigação são analisados. Para descobrir a influência das estratégias de marketing no desenvolvimento do turismo, o investigador tem três opções de métodos de investigação. Trata-se de métodos qualitativos, métodos quantitativos e métodos mistos.

O primeiro método, ou seja, os métodos de investigação qualitativa, refere-se à investigação de uma determinada questão ou teoria (Creswell, 2008). As disciplinas académicas e os cientistas sociais utilizam métodos de investigação qualitativa para analisar as atitudes, as percepções e o comportamento das pessoas. Para além disso, os métodos qualitativos também são aplicados para investigar os modelos e teorias existentes. Através de entrevistas, narração de histórias e fundamentação da teoria, podem ser aplicados métodos de investigação qualitativa. No contexto deste estudo, os métodos de investigação qualitativa são valiosos para estudar os modelos existentes relativamente ao ciclo de vida do turismo e analisar os estudos existentes relativamente ao desenvolvimento do turismo e às estratégias de marketing.

O segundo método de investigação que pode ser aplicado para investigar os objectivos da investigação é o método quantitativo, que se refere à investigação empírica de um determinado aspeto. Os métodos de investigação quantitativa incluem algumas técnicas de análise matemática e estatística para investigar um determinado fenómeno. Através dos métodos quantitativos, o investigador pode analisar a influência das estratégias de marketing no desenvolvimento do turismo em termos quantitativos.

O terceiro método que pode ser aplicado para investigar a influência das estratégias de marketing no desenvolvimento do turismo é a combinação de métodos qualitativos e quantitativos. A este respeito, a investigação pode aplicar ambos os métodos para investigar os objectivos da investigação. A estratégia de métodos mistos é útil para esta investigação, uma vez que permite analisar os estudos anteriores sobre o desenvolvimento do turismo, o seu ciclo de vida e as estratégias de marketing no turismo. Por outro lado, os métodos de investigação quantitativos são úteis para este estudo, pois permitem investigar a influência das estratégias de marketing no desenvolvimento do turismo em termos quantitativos. Além disso, a relação entre os dados qualitativos e quantitativos pode ser estabelecida para determinar os resultados lógicos da influência das estratégias de marketing no desenvolvimento do turismo.

3.4 Abordagem de investigação

Existem dois tipos de abordagens de investigação através das quais se pode encontrar a influência das estratégias de marketing no desenvolvimento do turismo. Estas duas abordagens são a abordagem de investigação indutiva e a abordagem de investigação dedutiva (Creswell, 2008). A abordagem de investigação através da qual o investigador analisou os modelos e as teorias do turismo existentes é dedutiva. Ao utilizar esta abordagem de investigação, o investigador analisou o turismo de um ponto de vista geral e tornou-o específico à influência das estratégias de marketing no desenvolvimento do turismo. Por outro lado, a abordagem de investigação indutiva é aplicada para investigar a relação entre o desenvolvimento do turismo e as estratégias de marketing a partir de uma organização específica para a generalizar para as outras. Neste sentido, o investigador analisou o desenvolvimento do turismo e a influência das estratégias de marketing.

3.5 Métodos de recolha de dados

Alguns investigadores podem ser conduzidos através de dados secundários, enquanto outros podem incluir dados primários e secundários. Nesta investigação, foram incluídos os dois tipos de dados. Os dados primários incluíram a descoberta da influência das estratégias de marketing no desenvolvimento do turismo específico de uma determinada organização. Os dados primários nunca foram recolhidos antes e o investigador tem de os recolher à sua maneira (Fowler, 2002). Nesta investigação, o investigador recolheu dados secundários porque são fáceis de recolher. Ao mesmo tempo, os objectivos e metas da investigação tornam complementar a inclusão de dados primários. Outra caraterística distinta destes dados é o facto de conterem uma parcialidade muito baixa ou nula, porque o instrumento de investigação não influencia a opinião dos inquiridos. Por outro lado, os dados secundários são incluídos na investigação para estudar o trabalho de investigadores anteriores relativamente à influência das estratégias de marketing no desenvolvimento do turismo. Uma desvantagem importante destes dados é o facto de poderem conter enviesamentos, uma vez que já foram processados por investigadores anteriores. Para ultrapassar este inconveniente dos dados secundários, o investigador utilizou dados secundários fiáveis e autênticos. A utilização de dados primários e secundários é valiosa para esta investigação porque ambas as formas de dados podem ser inter-relacionadas para obter resultados lógicos. O investigador adoptou diferentes ferramentas para os dados primários e secundários. Estas ferramentas são apresentadas a seguir:

3.5.1 Instrumentos de recolha de dados primários

Os dados primários são recolhidos através de dois instrumentos de investigação. Um deles é o inquérito, enquanto o outro instrumento de investigação é a entrevista. Estes instrumentos são selecionados com base na sua validade para os fins e objectivos da investigação.

O investigador recolheu dados primários através de um inquérito específico. A ferramenta de inquérito é aplicada porque é uma técnica fácil de recolher dados de uma grande população (Fink, 2005). Há duas formas de realizar um inquérito. Uma é utilizar um questionário aberto e a outra é utilizar um questionário fechado. Através do questionário aberto, são gerados dados qualitativos, enquanto os questionários fechados geram dados quantitativos. Neste estudo específico, o investigador utilizou um questionário fechado porque é fácil de utilizar. Além disso, os dados quantitativos recolhidos através do questionário fechado são fáceis de analisar. O investigador selecionou esta ferramenta de dados porque não gera parcialidade nos dados. No entanto, argumenta-se que o inquérito pode produzir respostas pouco claras devido à fraca compreensão das perguntas por parte dos inquiridos ou devido a perguntas pouco claras ou vagas. Para ultrapassar este inconveniente, o investigador concebeu uma pergunta final com perguntas claras. A técnica de inquérito é utilizada para recolher dados junto do público em geral, a fim de conhecer a sua reação às estratégias de marketing do turismo.

O investigador também utilizou a técnica da entrevista para recolher dados primários junto da direção das organizações do sector do turismo. A entrevista pode ser efectuada através de um guia de entrevista ou sem guia de entrevista. As entrevistas realizadas sem guia de entrevista permitem aos investigadores sondar pormenores. Desta forma, estas entrevistas geram respostas pormenorizadas. Por outro lado, as entrevistas realizadas com um guia de entrevista não podem gerar dados pormenorizados. Alguns investigadores argumentam que as entrevistas podem causar enviesamento nos dados devido à elevada interferência do investigador com os inquiridos, uma vez que esta interação pode influenciar a opinião dos inquiridos. Para ultrapassar este inconveniente, o investigador não interferiu nas respostas e deu total liberdade aos inquiridos para exprimirem os seus pontos de vista. O investigador realizou entrevistas com os gestores das organizações do sector do turismo para analisar as técnicas de marketing do sector do turismo para atrair turistas.

A utilização da técnica de entrevista e inquérito é útil para estudar a influência das estratégias de marketing no desenvolvimento do turismo. Isto porque o inquérito produzirá dados relativos às respostas do público sobre o turismo e as estratégias de marketing. Por outro lado, a técnica de entrevista produzirá dados sobre as tácticas de marketing das organizações na indústria do turismo. Desta forma, o tema pode ser analisado em pormenor. Ao mesmo tempo, a comparação dos resultados de ambos os instrumentos também pode ser útil para investigar a influência das técnicas de marketing no desenvolvimento do turismo.

3.5.2 Instrumentos de recolha de dados secundários

Neste estudo, os dados secundários são recolhidos através de vários instrumentos autênticos. Foi fácil recolher dados secundários em comparação com os dados primários. Isto deve-se ao facto de os dados secundários relativos ao desenvolvimento do turismo estarem facilmente disponíveis. Ao mesmo tempo, a questão da autenticidade e da fiabilidade das fontes de dados secundários é um aspeto importante a considerar. O investigador recolheu dados de fontes de dados altamente fiáveis, como o Google Scholar, revistas académicas e bases de dados autênticas.

3.6 Amostragem e população

A fim de recolher dados primários, é visado um determinado grupo de indivíduos. A soma de todos os sujeitos sobre os quais é efectuada uma investigação constitui a população da investigação. Nesta investigação em particular, a população é composta pelo público em geral, que pode ser o potencial inquirido relativamente às tácticas de marketing das organizações na indústria do turismo. Não era viável envolver uma grande população no processo de recolha de dados. Neste sentido, o investigador selecionou uma amostra da população. A amostra foi selecionada através da técnica de amostragem por conveniência. Uma das razões para adotar esta técnica de amostragem é o facto de ser fácil de utilizar. Além disso, o investigador pode envolver os inquiridos de acordo com a sua conveniência. Para minimizar a parcialidade na seleção da amostra, o investigador selecionou uma amostra diversificada. Ao utilizar a amostragem por conveniência, o investigador selecionou uma amostra de 100 clientes do Hotel Savoy para o inquérito. Por outro lado, o investigador também selecionou 5 gestores do Hotel Savoy para realizar entrevistas.

3.7 Horizonte temporal da investigação

Com base no horizonte temporal, a investigação pode ser classificada em dois tipos. Um é a investigação transversal e o outro é a investigação longitudinal. No caso da investigação transversal, os dados são recolhidos em dois momentos diferentes (Groves et al., 2004). Isto significa que o investigador recolhe um conjunto de dados num determinado momento e o outro conjunto de dados noutro momento, utilizando o mesmo instrumento. Este tipo de horizonte temporal é aplicado numa investigação em que o objetivo é comparar os resultados dos dados em dois momentos diferentes. Por exemplo, a temperatura de um corpo é registada numa experiência em momentos diferentes para analisar a influência de diferentes factores na temperatura de uma determinada coisa.

O outro horizonte temporal é a investigação longitudinal. Neste tipo de investigação, os dados são recolhidos apenas num determinado momento (Groves et al., 2004). A fim de analisar a influência das estratégias de marketing no desenvolvimento do turismo, o investigador selecionou o horizonte temporal longitudinal. Isto porque está alinhado com os objectivos da investigação. Por outro lado, o horizonte temporal transversal é rejeitado neste estudo porque não tem nada a ver com os objectivos da investigação.

3.8 Considerações éticas

As questões éticas são de grande importância para qualquer tipo de estudo. O investigador seguiu as considerações éticas neste estudo para obter resultados lógicos e justos. Em qualquer fase da investigação, o investigador não se comprometeu com qualquer questão ética. Para a seleção da amostra, o investigador não deu prioridade ao sexo ou à idade dos inquiridos. Isto porque a parcialidade em relação à idade ou ao género pode provocar resultados tendenciosos do estudo, que não serão justos. Para o evitar, o investigador selecionou a amostra de forma aleatória. Além disso, o investigador não influenciou nenhum participante a participar na fase de recolha de dados. O investigador não forneceu qualquer

Não se pretende, neste contexto, causar danos físicos ou emocionais a qualquer indivíduo. Os inquiridos eram livres de decidir participar na fase de recolha de dados ou não participar na investigação. Antes de recolher os dados junto do público em geral, o investigador explicou o objetivo da realização do inquérito. O investigador explicou a todos os participantes o verdadeiro objetivo da recolha de dados. Desta forma, os participantes puderam preencher livremente o questionário. Foi dada aos inquiridos a garantia de que os dados fornecidos não seriam incluídos em qualquer outro estudo ou para qualquer outro fim. Além disso, não lhes foram solicitados quaisquer dados pessoais. Os dados de todos os inquiridos estão protegidos em computador e ninguém, exceto o investigador, teve acesso aos dados. O investigador obteve a autorização da direção das organizações antes de realizar as entrevistas. Desta forma, o investigador adoptou uma forma adequada de recolha de dados. Na análise dos dados, a investigadora adoptou uma técnica justa. Não interpretou os dados de forma injusta ou tendenciosa. Neste sentido, a investigadora concluiu a investigação de uma forma justa. Para evitar o plágio na investigação, a investigadora indicou as fontes dos dados secundários que são citados na investigação. De um modo geral, o investigador adoptou métodos justos para concluir a investigação. Desde o início, à recolha de dados, à análise dos dados e à conclusão da investigação, todas as etapas foram concluídas de forma justa e honesta.

3.9 Métodos de análise de dados

Nesta investigação, foram adoptados instrumentos de inquérito e de entrevista para a recolha de dados primários. Através do inquérito por questionário, foram recolhidos dados quantitativos. Para analisar estes dados, o investigador adoptou uma abordagem sistemática. Em primeiro lugar, os dados quantitativos do questionário foram tabulados numa folha de cálculo. Estes dados tabulados foram processados através de operações matemáticas simples. De acordo com os métodos de investigação quantitativa, o investigador converteu os dados tabulados de cada pergunta em percentagens. Em seguida, os dados em percentagem são representados graficamente. Para analisar estes gráficos, o investigador discutiu as conclusões do questionário. A comparação dos resultados das diferentes perguntas é efectuada para se chegar a uma conclusão adequada. No que respeita à análise dos dados das entrevistas, o investigador discutiu pormenorizadamente os resultados das entrevistas. Para além disso, o investigador também comparou os resultados do inquérito por questionário e das entrevistas. Desta forma, foram detectadas semelhanças e distinções nas conclusões dos dois instrumentos de investigação. Por último, para tornar a análise eficaz e lógica, o investigador utilizou fontes de dados secundários enumeradas na revisão da literatura para discutir os resultados dos dados primários. Desta forma, os resultados das fontes de dados primários e secundários são organizados numa relação lógica. Esta técnica de análise de dados é eficaz para chegar a uma conclusão lógica dos objectivos da investigação.

3.10 Linha do tempo da investigação

O investigador adoptou um calendário adequado para a realização deste estudo. Em primeiro lugar, foi elaborado um calendário para a investigação. Este calendário foi concebido de acordo com os capítulos da investigação. As actividades envolvidas na conclusão de cada capítulo são também categorizadas e são também atribuídos dias para a conclusão dessas actividades. No quadro seguinte, foi elaborada a cronologia deste estudo específico:

As actividades começaram a partir de--	Número de dias
Capítulo I: Leitura geral e contexto de estudo: Finalidades e objectivos, questões de investigação, significado	5
Capítulo II: Revisão da literatura sobre o desenvolvimento do turismo e as estratégias de marketing no sector do turismo	5
Capítulo III: Abordagem de investigação, métodos, instrumentos de recolha de dados Recolha de dados através de inquérito e entrevistas	6
Capítulo Quatro: Apresentação dos dados Tabulação de dados, conversão de dados em percentagens e apresentação de dados sob a forma de gráficos	3
Capítulo Cinco: Análise de dados Discussão dos resultados do inquérito e das entrevistas Comparação dos resultados dos dados primários e secundários	5
Capítulo VI: Conclusão Tirar conclusões da investigação e propor recomendações	4
Primeira revisão pelo supervisor: Alterações	3
Projeto final de investigação	3

Quadro 1: Cronograma da investigação

3.11 Conclusão

Em conclusão, pode dizer-se que o investigador adoptou uma metodologia justa e alinhada para encontrar a influência das estratégias de marketing no desenvolvimento do turismo. À luz da filosofia do positivismo, o investigador selecionou métodos de investigação qualitativos e quantitativos. Através dos métodos de investigação qualitativa, o investigador analisou os estudos existentes, ao passo que, através dos métodos de investigação quantitativa, foram recolhidos dados primários para determinar a influência das estratégias de marketing no desenvolvimento do turismo. Neste estudo, são utilizadas ferramentas de dados primários e secundários. A este respeito, o investigador utilizou instrumentos de inquérito e de entrevista para a recolha de dados. Foi selecionada uma amostra de 100 pessoas para o inquérito e 10 gestores para o inquérito e a entrevista, respetivamente. Em termos de horizonte temporal, o investigador adoptou um quadro de investigação longitudinal porque está em conformidade com os objectivos do estudo. Por último, o capítulo explica também que o investigador adoptou considerações éticas justas para a realização da investigação. De um modo geral, a metodologia de investigação está alinhada e é coerente. Isto porque cada etapa do quadro metodológico da investigação é selecionada com base nas questões e no objetivo da investigação. Além disso, cada aspeto da metodologia de investigação está alinhado com os outros aspectos da metodologia de investigação. Neste sentido, a investigação foi efectuada através de métodos alinhados, coerentes e justificados.

Capítulo 4

Conclusões dos dados

4.0 Introdução

Neste capítulo da investigação, os resultados dos dados primários são apresentados em pormenor. Foi aplicado um questionário a uma amostra de 100 clientes do Hotel Savoy. Durante o inquérito, alguns inquiridos não devolveram os questionários depois de os terem preenchido, enquanto outros não foram devidamente arquivados. Este inquérito por questionário gerou uma resposta de 79%, o que é uma resposta saudável para uma investigação por inquérito. Neste capítulo, todos os resultados da investigação foram apresentados sob a forma de percentagem em quadros. Além disso, é também apresentada uma representação gráfica dos resultados.

4.1 Dados pessoais dos inquiridos:

Na primeira secção da investigação, os inquiridos foram questionados sobre as suas informações pessoais, como o sexo, a faixa etária e a profissão. Estes dados eram importantes para avaliar as reacções dos diferentes clientes aos esforços de marketing do Hotel Savoy.

Foi pedido aos inquiridos que mencionassem o seu género. Em resposta a esta pergunta, os resultados do inquérito revelaram que a maioria dos inquiridos era do sexo masculino. Na tabela seguinte, estão resumidas as respostas dos clientes relativamente ao seu género:

Distribuição da frequência do género dos inquiridos	
Género	Percentagem de inquiridos
Masculino	58
Feminino	42
	100

Tabela 2: Distribuição de frequências do género dos inquiridos

A tabela acima mostra que 58% dos inquiridos são do sexo masculino. A percentagem de inquiridos do sexo feminino foi de 42%. O gráfico de pizza seguinte mostra a distribuição da frequência do género dos inquiridos.

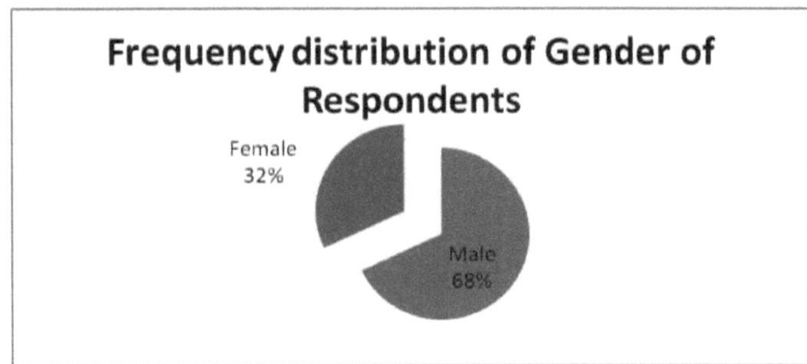

Figura 1 Distribuição da frequência do género dos inquiridos

Foi pedido aos inquiridos que mencionassem a sua faixa etária. Esta pergunta foi feita porque os inquiridos de diferentes grupos etários podem ter atitudes diferentes em relação aos esforços de marketing de uma organização. Por isso, era importante perguntar a idade dos inquiridos. Na tabela seguinte, estão resumidas as respostas dos clientes relativamente à sua idade:

Distribuição da frequência da idade dos inquiridos	
Idade	Percentagem de inquiridos

Menos de 20 anos	13
21 - 30 anos	32
31 - 40 anos	23
41 - 50 anos	17
51 a 60 anos	11
Mais de 60 anos	4
Total	100

Quadro 3: Distribuição da frequência da idade dos inquiridos

O quadro acima sugere que a maioria dos inquiridos pertencia a categorias etárias jovens. Os inquiridos das categorias etárias mais velhas eram comparativamente em menor número. A tabela acima sugere que 13% dos inquiridos tinham menos de 20 anos de idade. 32% dos inquiridos tinham entre 21 e 30 anos de idade. 23% dos inquiridos tinham idades compreendidas entre os 30 e os 40 anos. 17% dos inquiridos pertenciam às categorias etárias de 40 a 50 anos. 11% dos inquiridos pertenciam à categoria etária dos 51 aos 60 anos. Apenas 4% dos inquiridos tinham mais de 60 anos de idade.

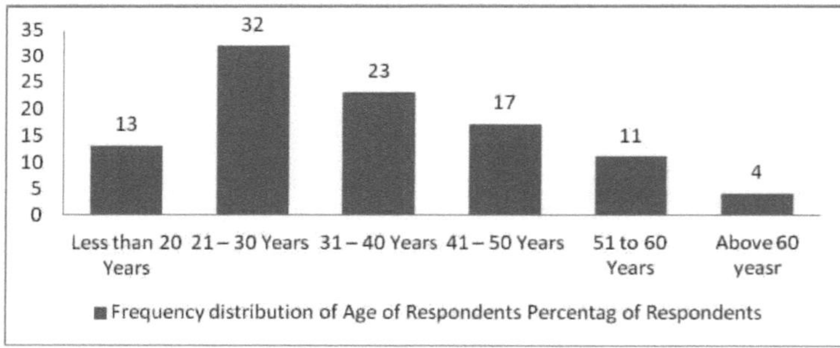

Figura 2 Distribuição da frequência da idade dos inquiridos

Foi pedido aos inquiridos que mencionassem a sua profissão. Esta dimensão do perfil pessoal foi solicitada porque a ocupação dos inquiridos pode ter impacto na sua escolha de hotel no que respeita ao turismo. Na tabela seguinte, estão resumidas as respostas dos clientes relativamente à sua profissão:

Ocupação dos inquiridos	
Anos	Percentagem de inquiridos
Estudante	18
Funcionário público	30
Empresários	26
Reformado	15
Dona de casa	8
Outros	3
Total	100

Quadro 4: Profissão dos inquiridos

O quadro acima revela que a maioria dos inquiridos pertencia a serviços públicos. Os resultados do inquérito revelaram que 18% dos inquiridos eram estudantes. 30% dos inquiridos pertenciam a serviços públicos. 26% dos inquiridos eram empresários, 15% eram reformados dos serviços e 8% eram donas de casa. Na amostra, apenas 3% dos inquiridos pertenciam a outros serviços, como organizações não governamentais. No gráfico seguinte, estão resumidas as respostas dos clientes relativamente à sua ocupação:

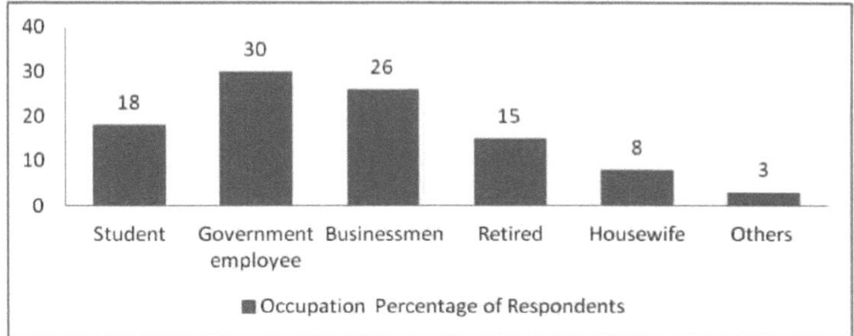

Figura 3: Ocupação dos inquiridos

4.2 Esforços de marketing do Savoy Hotel
Pergunta 1: Há quanto tempo visita o Savoy Hotel?
Os inquiridos foram questionados sobre a duração da sua relação com o Savoy Hotel. Esta pergunta foi feita porque os clientes novos e antigos reagem de forma diferente aos esforços de marketing de uma organização. Na tabela seguinte, são resumidas as respostas dos clientes relativamente à duração da sua relação com o hotel:

Duração da relação com a organização	
Anos	Percentagem de inquiridos
Menos de 1 ano	14
1 a 5 anos	32
6 a 10 anos	15
11 a 15 anos	26
16 a 20 anos	8
Mais de 20 anos	5
Total	100

Tabela 5: Duração da relação com a organização

A tabela acima sugere que os inquiridos tinham diferentes durações de relações com o Savoy Hotel. Verificou-se que 14% dos inquiridos tinham uma relação com o Savoy Hotel há menos de 1 ano. 32% dos inquiridos visitavam o Savoy Hotel há 1 a 5 anos. 15% dos inquiridos tinham uma relação de visita de 6 a 10 anos com o Savoy Hotel. 26% dos inquiridos visitam o Savoy Hotel há 11 a 15 anos. 8% dos inquiridos pertencem ao Savoy Hotel há 16 a 20 anos. Apenas 5% dos inquiridos tinham uma relação de mais de 20 anos com o Savoy Hotel.

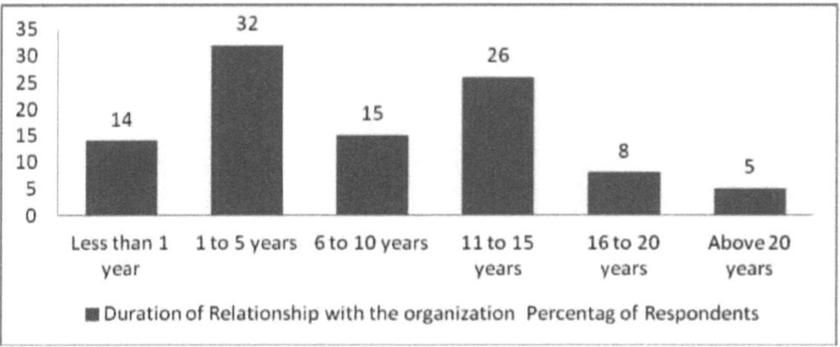

Figura 4: Duração da relação com a organização

Questão 2: O hotel oferece condições de alojamento atractivas

Foi perguntado aos inquiridos se o Savoy Hotel oferece instalações de alojamento atractivas. Esta pergunta está relacionada com a dimensão do produto dos esforços de marketing de uma organização.

O hotel oferece condições atractivas para o alojamento	
Sugestões	Percentagem de inquiridos
Concordo plenamente	19
Concordar	37
Neutro	9
Não concordo	24
Discordo totalmente	11
Total	100

Quadro 6: O hotel oferece condições de alojamento atractivas

A tabela acima mostra que 19% dos inquiridos discordaram fortemente da afirmação acima. 37% dos inquiridos concordaram e 9% dos inquiridos mantiveram-se imparciais. Em reação a esta questão, 24% dos inquiridos discordaram e 11% dos inquiridos mostraram uma forte discordância. No gráfico seguinte, estão resumidas as respostas dos clientes relativamente à duração da sua relação com o hotel:

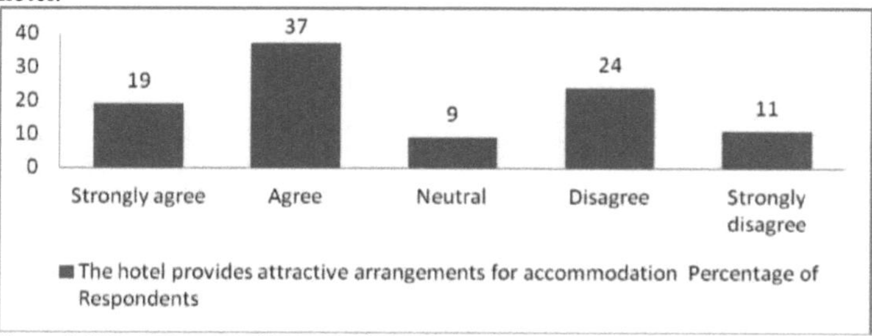

Figura 5: O hotel oferece condições de alojamento atractivas

Questão 3: Os serviços de saneamento e limpeza do hotel são bons

Foi perguntado aos inquiridos se o Savoy Hotel oferece boas condições de saneamento e limpeza. Esta pergunta está relacionada com a componente intangível do produto. As respostas da amostra a esta pergunta são apresentadas no quadro seguinte:

Os serviços de saneamento e limpeza do hotel são bons	
Sugestões	Percentagem de inquiridos
Concordo plenamente	24
Concordo	34
Neutro	11
Não concordo	19
Discordo totalmente	12
Total	100

Quadro 7: Os serviços de saneamento e limpeza do hotel são bons

A tabela acima mostra que 24% dos inquiridos discordaram fortemente da afirmação acima. 34% dos inquiridos concordaram e 11% dos inquiridos mantiveram-se imparciais. Em reação a esta pergunta, 19% dos inquiridos discordaram e 12% mostraram uma forte discordância. No gráfico seguinte, estão resumidas as respostas dos clientes relativamente à duração da sua relação com o hotel:

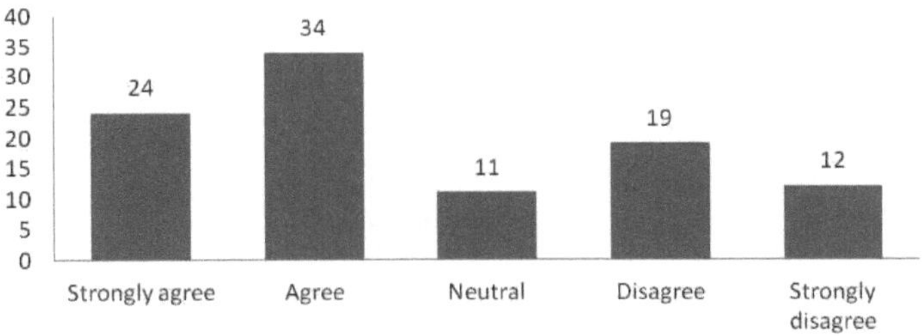

Figura 6: Os serviços de saneamento e limpeza do hotel são bons

Questão 4: O serviço de apoio ao cliente do hotel é bom e rápido

Foi perguntado aos inquiridos se os serviços ao cliente do Savoy Hotel são rápidos ou não. As respostas da amostra a esta pergunta são apresentadas no quadro seguinte:

O serviço de atendimento ao cliente do hotel é bom e rápido	
Sugestões	Percentagem de inquiridos
Concordo plenamente	24
Concordo	39
Neutro	7
Não concordo	19
Discordo totalmente	11
Total	100

Quadro 8: A informação sobre o serviço ao cliente do hotel é boa e rápida

A tabela acima mostra que 24% dos inquiridos discordaram fortemente da afirmação acima. 39% dos inquiridos concordaram e 7% dos inquiridos mantiveram-se imparciais. Em reação a esta pergunta, 19% dos inquiridos discordaram e 11% dos inquiridos mostraram uma forte discordância. No gráfico seguinte, estão resumidas as respostas dos clientes relativamente à duração da sua relação com o hotel:

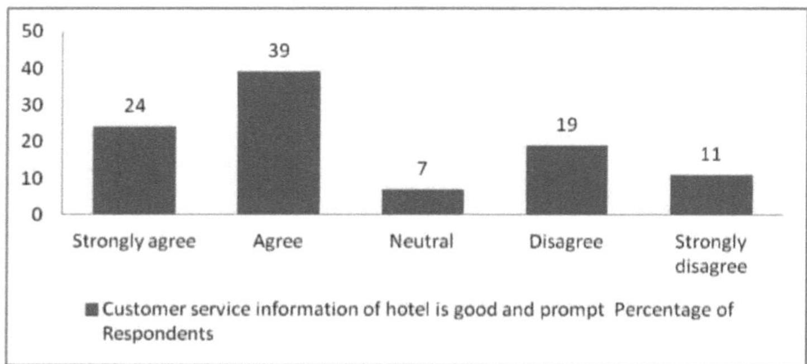

Figura 7: A informação sobre o serviço de apoio ao cliente do hotel é boa e rápida

Questão 5: O hotel cobra preços justos pelos seus serviços

Os mecanismos de fixação de preços de uma organização têm uma importância significativa nas estratégias de marketing. Isto deve-se ao facto de os preços terem impacto nas receitas, bem como nas decisões de compra dos clientes. As respostas da amostra a esta pergunta são apresentadas no quadro seguinte:

O hotel cobra preços justos pelos seus serviços	
Sugestões	Percentagem de inquiridos
Concordo plenamente	21
Concordo	50
Neutro	7
Não concordo	13
Discordo totalmente	9
Total	100

Quadro 9: O hotel cobra preços justos pelos seus serviços

A tabela acima mostra que 21% dos inquiridos discordaram fortemente da afirmação acima. 50% dos inquiridos concordaram e 7% dos inquiridos mantiveram-se imparciais. Em reação a esta questão, 13% dos inquiridos discordaram e 9% dos inquiridos mostraram uma forte discordância. No gráfico seguinte, estão resumidas as respostas dos clientes relativamente à duração da sua relação com o hotel:

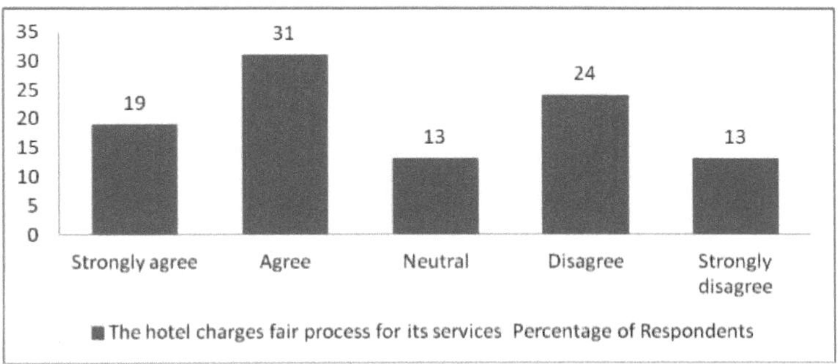

Figura 8: O hotel cobra preços justos pelos seus serviços

Questão 6: A estrutura de preços do hotel leva-o a visitá-lo frequentemente

Nesta pergunta, os inquiridos foram questionados sobre se moldam as suas decisões de compra devido às estratégias de preços do Savoy Hotel. As respostas da amostra a esta pergunta são apresentadas no quadro seguinte:

A estrutura de preços do hotel leva-o a visitá-lo frequentemente	
Sugestões	Percentagem de inquiridos
Concordo plenamente	21
Concordo	36
Neutro	9
Não concordo	22
Discordo totalmente	12
Total	100

Quadro 10: A estrutura de preços do hotel leva-o a visitá-lo frequentemente

A tabela acima mostra que 21% dos inquiridos discordaram fortemente da afirmação acima. 36% dos inquiridos concordaram e 9% dos inquiridos mantiveram-se imparciais. Em reação a esta pergunta, 22% dos inquiridos discordaram e 12% dos inquiridos mostraram uma forte discordância. No gráfico seguinte, estão resumidas as respostas dos clientes relativamente à duração da sua relação com o hotel:

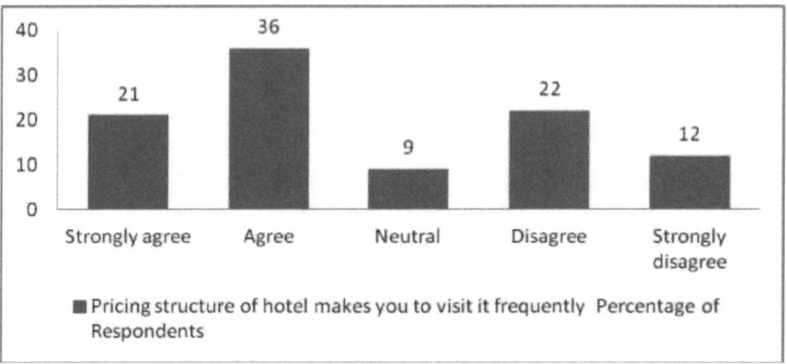

Figura 9: A estrutura de preços do hotel leva-o a visitá-lo frequentemente

Questão 7: O hotel oferece descontos substanciais nas suas ofertas

Os descontos são uma ferramenta eficaz para promover os produtos e serviços da empresa num curto espaço de tempo. A este respeito, foi perguntado aos inquiridos se o hotel lhes oferece descontos ou não. As respostas da amostra a esta pergunta são apresentadas no quadro seguinte:

O hotel oferece descontos substanciais nas suas ofertas	
Sugestões	Percentagem de inquiridos
Concordo plenamente	29
Concordo	42
Neutro	9
Não concordo	11
Discordo totalmente	9
Total	100

Quadro 11: O hotel oferece descontos substanciais nas suas ofertas

A tabela acima mostra que 29% dos inquiridos discordaram fortemente da afirmação acima. 42% dos inquiridos concordaram e 9% dos inquiridos mantiveram-se imparciais. Em reação a esta questão, 11% dos inquiridos discordaram e 9% dos inquiridos mostraram uma forte discordância. No gráfico seguinte, estão resumidas as respostas dos clientes relativamente à duração da sua relação com o hotel:

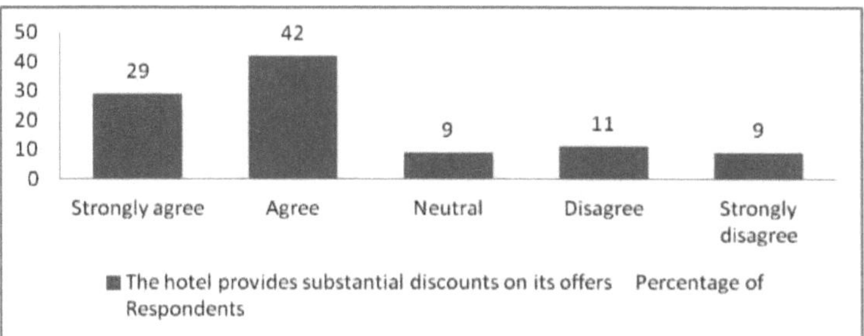

Figura 10: O hotel oferece descontos substanciais nas suas ofertas

Pergunta 8: Os serviços adicionais prestados pelo hotel, como o guia turístico e os serviços de transporte, levam-no a visitá-lo frequentemente

Os serviços de valor acrescentado das organizações desempenham um papel eficaz para atrair clientes para as organizações turísticas. A este respeito, foi perguntado aos inquiridos se eles moldam as suas decisões de visita devido aos serviços adicionais oferecidos pelo hotel. As respostas da amostra a esta pergunta são apresentadas no quadro seguinte:

Os serviços adicionais fornecidos pelo hotel, tais como guia turístico e serviços de transporte, fazem com que o visite frequentemente	
Sugestões	Percentagem de inquiridos
Concordo plenamente	24
Concordo	30
Neutro	11
Não concordo	20
Discordo totalmente	15
Total	100

Quadro 12: Os serviços adicionais prestados pelo hotel, como o guia de viagem e os serviços de transporte, fazem-no visitar o hotel com frequência

A tabela acima mostra que 24% dos inquiridos discordaram fortemente da afirmação acima. 30% dos inquiridos concordaram e 11% dos inquiridos mantiveram-se imparciais. Em reação a esta pergunta, 20% dos inquiridos discordaram e 15% dos inquiridos mostraram uma forte discordância. No que se segue

No gráfico, são resumidas as respostas dos clientes relativamente à duração da sua relação com o hotel:

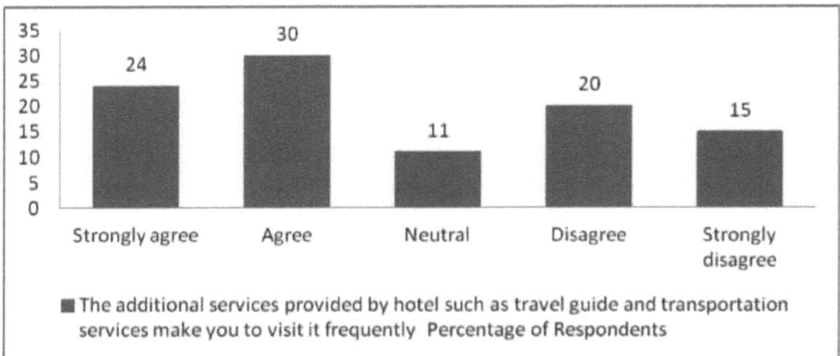

Figura 11: Os serviços adicionais prestados pelo hotel, como o guia de viagem e os serviços de transporte, fazem-no visitar o hotel com frequência

Questão 9: Quando sai do hotel após a estadia, são-lhe oferecidas lembranças e presentes

Muitas organizações turísticas mantêm relações estreitas com os clientes através da oferta de determinados presentes. A este respeito, foi perguntado aos inquiridos se o Savoy Hotel oferece esses presentes e lembranças quando os clientes deixam o hotel. As respostas da amostra a esta pergunta são apresentadas no quadro seguinte:

Ao sair do hotel após a estadia, são-lhe oferecidas lembranças e presentes	
Sugestões	Percentagem de inquiridos
Concordo plenamente	11
Concordar	24
Neutro	7
Não concordo	34
Discordo totalmente	24
Total	100

Quadro 13: Quando deixa o hotel após a estadia, são-lhe oferecidas lembranças e presentes

A tabela acima mostra que 11% dos inquiridos discordaram fortemente da afirmação acima. 24% dos inquiridos concordaram e 7% dos inquiridos mantiveram-se imparciais. Em reação a esta questão, 34% dos inquiridos discordaram e 24% dos inquiridos mostraram uma forte discordância. No gráfico seguinte, estão resumidas as respostas dos clientes relativamente à duração da sua relação com o hotel:

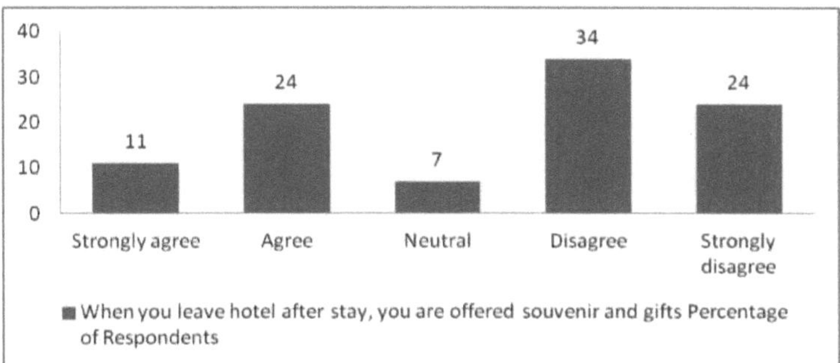

Figura 12: Quando sai do hotel após a estadia, são-lhe oferecidas lembranças e presentes

Questão 10: As ofertas de promoção de vendas do hotel influenciam a sua decisão de o visitar

As promoções de vendas desempenham o seu papel no aumento das receitas de uma organização num curto espaço de tempo. Foi perguntado aos inquiridos se têm em consideração as promoções de vendas de um hotel quando decidem escolher um hotel. As respostas da amostra a esta pergunta são apresentadas no quadro seguinte:

As ofertas de promoção de vendas do hotel influenciam a sua decisão de o visitar	
Sugestões	Percentagem de inquiridos
Concordo plenamente	11
Concordo	26
Neutro	13
Não concordo	37
Discordo totalmente	13
Total	100

Quadro 14: As ofertas de promoção de vendas do hotel influenciam a sua decisão de o visitar

A tabela acima mostra que 11% dos inquiridos discordaram fortemente da afirmação acima. 26% dos inquiridos concordaram e 13% dos inquiridos mantiveram-se imparciais. Em reação a esta pergunta, 37% dos inquiridos discordaram e 13% dos inquiridos mostraram uma forte discordância. No gráfico seguinte, estão resumidas as respostas dos clientes relativamente à duração da sua relação com o hotel:

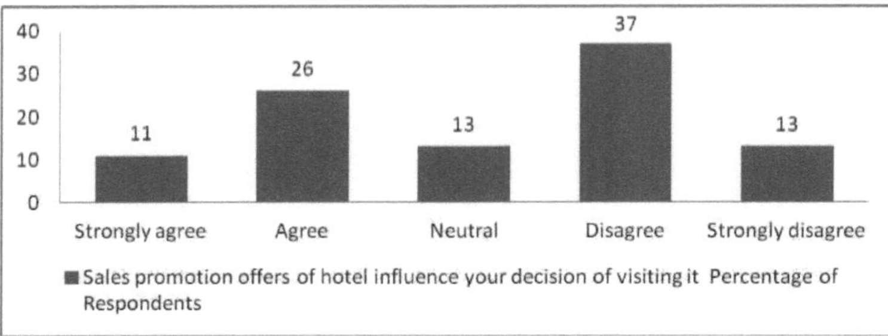

Figura 13: As ofertas de promoção de vendas do hotel influenciam a sua decisão de o visitar

Pergunta 11: Os anúncios de hotéis na imprensa escrita atraem a sua atenção e influenciam as suas decisões de visita

Nos mecanismos promocionais, a publicidade desempenha um papel importante para atrair clientes. Os inquiridos foram questionados sobre se os anúncios na imprensa escrita do Hotel Savoy atraem a sua atenção. As respostas da amostra a esta pergunta são apresentadas no quadro seguinte:

Os anúncios de hotéis na imprensa escrita atraem a sua atenção e influenciam as suas decisões de visita	
Sugestões	Percentagem de inquiridos
Concordo plenamente	29
Concordo	40
Neutro	5
Não concordo	16
Discordo totalmente	10
Total	100

Quadro 15: A publicidade do hotel na imprensa escrita atrai a sua atenção e influencia as suas decisões de visita

A tabela acima mostra que 29% dos inquiridos discordaram fortemente da afirmação acima. 40% dos inquiridos concordaram e 5% dos inquiridos mantiveram-se imparciais. Em reação a esta questão, 16% dos inquiridos discordaram e 10% dos inquiridos mostraram uma forte discordância. No gráfico seguinte, estão resumidas as respostas dos clientes relativamente à duração da sua relação com o hotel:

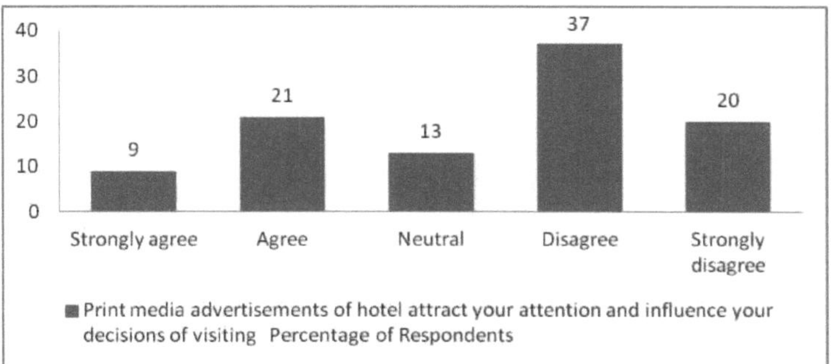

Figura 14: Os anúncios de hotéis na imprensa escrita atraem a sua atenção e influenciam as suas decisões de visita

Questão 12: As práticas de venda pessoal do hotel influenciam as suas decisões de o visitar

Relativamente aos esquemas promocionais, os esforços de venda pessoal também são importantes. Foi perguntado aos inquiridos se o Savoy Hotel atrai a sua atenção através da venda pessoal. As respostas da amostra a esta pergunta são apresentadas no quadro seguinte:

As práticas de venda pessoal do hotel influenciam as suas decisões de o visitar	
Sugestões	Percentagem de inquiridos
Concordo plenamente	12
Concordo	27
Neutro	9
Não concordo	33
Discordo totalmente	19
Total	100

Quadro 16: As práticas de venda pessoal do hotel influenciam as suas decisões de o visitar

A tabela acima mostra que 12% dos inquiridos discordaram fortemente da afirmação acima. 27% dos inquiridos concordaram e 9% dos inquiridos mantiveram-se imparciais. Em reação a esta questão, 33% dos inquiridos discordaram e 19% dos inquiridos mostraram uma forte discordância. No gráfico seguinte, estão resumidas as respostas dos clientes relativamente à duração da sua relação com o hotel:

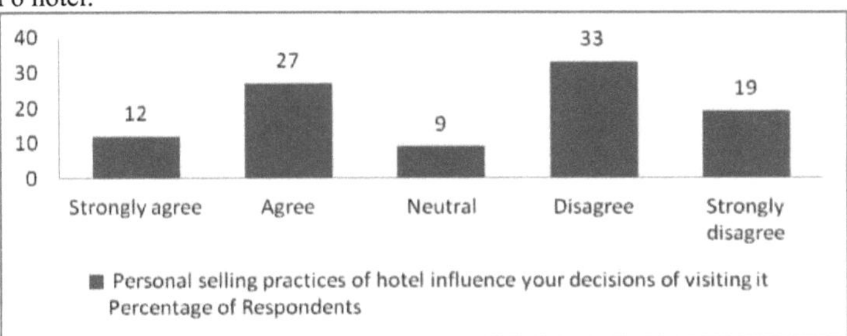

Figura 15: As práticas de venda pessoal do hotel influenciam as suas decisões de o visitar

Pergunta 13: Procura sempre obter informações actualizadas sobre o hotel

Nas organizações turísticas, as práticas de comunicação das organizações têm como objetivo fornecer informações aos clientes sobre a sua oferta futura. Neste sentido, foi perguntado aos inquiridos se procuram obter novas informações sobre os produtos do Hotel Savoy. As respostas da amostra a esta pergunta são apresentadas na tabela seguinte:

Procura sempre obter informações actualizadas sobre o hotel	
Sugestões	Percentagem de inquiridos
Concordo plenamente	31
Concordo	40
Neutro	5
Não concordo	16
Discordo totalmente	8
Total	100

Quadro 17: Procura sempre obter informações actualizadas sobre o hotel

A tabela acima mostra que 31% dos inquiridos discordaram fortemente da afirmação acima. 40% dos inquiridos concordaram e 5% dos inquiridos mantiveram-se imparciais. Em reação a esta questão, 16% dos inquiridos discordaram e 8% dos inquiridos mostraram uma forte discordância. No gráfico seguinte, estão resumidas as respostas dos clientes relativamente à duração da sua relação com o hotel:

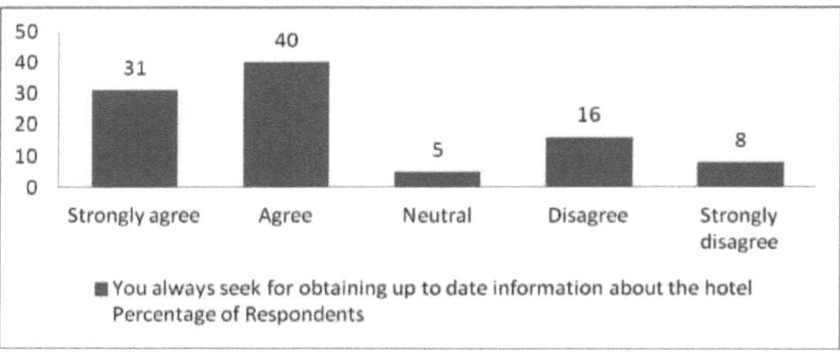

Figura 16: Procura sempre obter informações actualizadas sobre o hotel

Pergunta 14: Recebe informações frequentes sobre as ofertas novas e existentes do hotel através da newsletter

Os clientes precisam de obter informações sobre as ofertas de uma organização. Isto porque, sem informação, os clientes não podem decidir sobre as suas preferências de compra. A este respeito, foi perguntado aos inquiridos se o Savoy Hotel lhes fornece informações sobre ofertas novas e existentes através de boletins informativos. As respostas da amostra a esta pergunta são apresentadas na tabela seguinte:

O utilizador recebe informações frequentes sobre as ofertas novas e existentes do hotel através da newsletter	
Sugestões	Percentagem de inquiridos
Concordo plenamente	25
Concordo	34
Neutro	8
Não concordo	20
Discordo totalmente	13

Total	100

Quadro 18: Recebe frequentemente informações sobre as ofertas novas e existentes do hotel através da newsletter

A tabela acima mostra que 25% dos inquiridos discordaram fortemente da afirmação acima. 34% dos inquiridos concordaram e 8% dos inquiridos mantiveram-se imparciais. Em reação a esta pergunta, 20% dos inquiridos discordaram e 13% dos inquiridos mostraram uma forte discordância. No gráfico seguinte, estão resumidas as respostas dos clientes relativamente à duração da sua relação com o hotel:

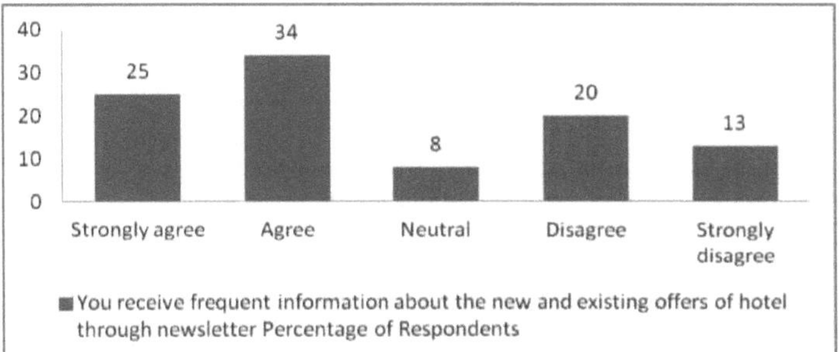

Figura 17: Recebe frequentemente informações sobre as ofertas novas e existentes do hotel através da newsletter

Pergunta 15: Participa frequentemente na página de fãs do Facebook de um hotel

Relativamente ao marketing nas redes sociais, foi perguntado aos inquiridos se visitavam ou não a página de fãs do Savoy Hotel no Facebook. Um dos objectivos da investigação é avaliar o impacto do marketing nas redes sociais na atração de turistas. Neste sentido, era importante fazer esta pergunta. As respostas da amostra a esta pergunta são apresentadas no quadro seguinte:

Participar frequentemente na página de fãs do hotel no Facebook	
Sugestões	Percentagem de inquiridos
Concordo plenamente	18
Concordo	34
Neutro	8
Não concordo	22
Discordo totalmente	18
Total	100

Quadro 19: Participa frequentemente na página de fãs do hotel no Facebook

A tabela acima mostra que 18% dos inquiridos discordaram fortemente da afirmação acima. 34% dos inquiridos concordaram e 8% dos inquiridos mantiveram-se imparciais. Em reação a esta questão, 22% dos inquiridos discordaram e 18% dos inquiridos mostraram uma forte discordância. No gráfico seguinte, estão resumidas as respostas dos clientes relativamente à duração da sua relação com o hotel:

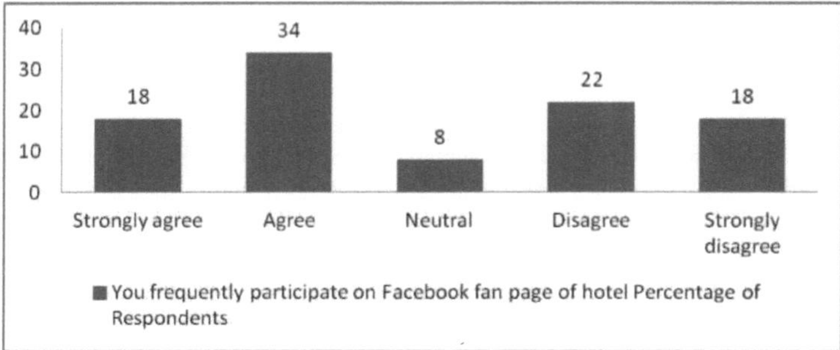

Figura 18: Participa frequentemente na página de fãs do hotel no Facebook

Questão 16: Obtém-se informação fiável sobre o hotel através das redes sociais

Embora as redes sociais sejam uma ferramenta inovadora de comunicação com os clientes, o fornecimento de informações fiáveis tem igual importância para os clientes. A este respeito, foi perguntado aos inquiridos se a organização lhes fornece informações fiáveis. As respostas da amostra a esta pergunta são apresentadas na tabela seguinte:

Obtém informações fiáveis sobre o hotel através das redes sociais	
Sugestões	Percentagem de inquiridos
Concordo plenamente	17
Concordar	22
Neutro	8
Não concordo	34
Discordo totalmente	19
Total	100

Quadro 20: Obtém informações fiáveis sobre o hotel através das redes sociais

A tabela acima mostra que 17% dos inquiridos discordaram fortemente da afirmação acima. 22% dos inquiridos concordaram e 8% dos inquiridos mantiveram-se imparciais. Em reação a esta pergunta, 34% dos inquiridos discordaram e 19% dos inquiridos mostraram uma forte discordância. No gráfico seguinte, estão resumidas as respostas dos clientes relativamente à duração da sua relação com o hotel:

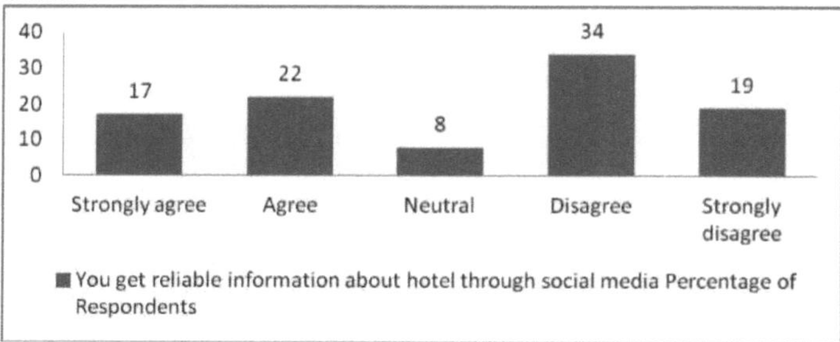

Figura 19: Obtém informações fiáveis sobre o hotel através das redes sociais

Pergunta 17: A experiência de outros membros do hotel na página de fãs do Facebook desempenha um papel importante na sua decisão de visitar o hotel

As redes sociais são uma ferramenta eficaz para os clientes partilharem a sua experiência com os outros clientes da organização. A este respeito, foi perguntado aos inquiridos se a partilha de experiências nas redes sociais influencia a sua decisão de seleção de um hotel. As respostas da amostra a esta pergunta são apresentadas na tabela seguinte:

A experiência de outros membros do hotel na página de fãs do Facebook desempenha um papel importante na sua decisão de visitar o hotel	
Sugestões	Percentagem de inquiridos
Concordo plenamente	22
Concordo	41
Neutro	5
Não concordo	21
Discordo totalmente	11
Total	100

Quadro 21: A experiência de outros membros do hotel na página de fãs do Facebook desempenha um papel importante na sua decisão de visitar o hotel

A tabela acima mostra que 22% dos inquiridos discordaram fortemente da afirmação acima. 41% dos inquiridos concordaram e 5% dos inquiridos mantiveram-se imparciais. Em reação a esta pergunta, 21% dos inquiridos discordaram e 11% dos inquiridos mostraram uma forte discordância. No gráfico seguinte, estão resumidas as respostas dos clientes relativamente à duração da sua relação com o hotel:

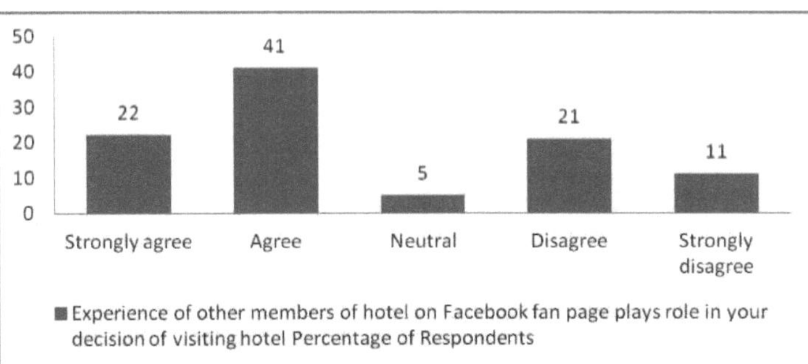

Figura 20: A experiência de outros membros do hotel na página de fãs do Facebook desempenha um papel importante na sua decisão de visitar o hotel

Questão 18: O acesso ao sítio Web do hotel é fácil

Com a integração e o desenvolvimento da tecnologia, a necessidade de sítios Web tem vindo a aumentar para várias organizações. A este respeito, perguntou-se aos inquiridos se conseguiam ou não aceder facilmente ao sítio Web do hotel. As respostas da amostra a esta pergunta são apresentadas na tabela seguinte:

O acesso ao sítio Web do hotel é fácil	
Sugestões	Percentagem de inquiridos
Concordo plenamente	29
Concordo	38
Neutro	7
Não concordo	16
Discordo totalmente	10

Total	100

Quadro 22: O acesso ao sítio Web do hotel é fácil

A tabela acima mostra que 29% dos inquiridos discordaram fortemente da afirmação acima. 38% dos inquiridos concordaram e 7% dos inquiridos mantiveram-se imparciais. Em reação a esta questão, 16% dos inquiridos discordaram e 10% dos inquiridos mostraram uma forte discordância. No gráfico seguinte, estão resumidas as respostas dos clientes relativamente à duração da sua relação com o hotel:

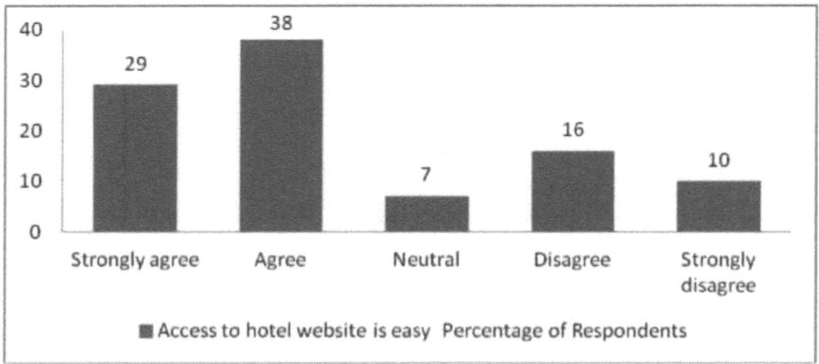

Figura 21: O acesso ao sítio Web do hotel é fácil

Pergunta 19: As facilidades de reserva em linha do hotel influenciam-no a escolhê-lo como a sua marca preferida

Os inquiridos foram questionados sobre se se sentem convencidos com as facilidades de reserva em linha do Savoy Hotel. Esta questão está associada aos aspectos de marketing na Internet de uma organização. As respostas da amostra a esta pergunta são apresentadas no quadro seguinte:

As facilidades de reserva online do Hotel influenciam-no a escolhê-lo como a sua marca preferida	
Sugestões	Percentagem de inquiridos
Concordo plenamente	22
Concordo	37
Neutro	7
Não concordo	19
Discordo totalmente	15
Total	100

Quadro 23: As facilidades de reserva em linha do hotel influenciam-no a escolhê-lo como a sua marca preferida

A tabela acima mostra que 22% dos inquiridos discordaram fortemente da afirmação acima. 37% dos inquiridos concordaram e 7% dos inquiridos mantiveram-se imparciais. Em reação a esta pergunta, 5% dos inquiridos

Os inquiridos discordaram e 18% dos inquiridos mostraram uma forte discordância. No gráfico seguinte, estão resumidas as respostas dos clientes relativamente à duração da sua relação com o hotel:

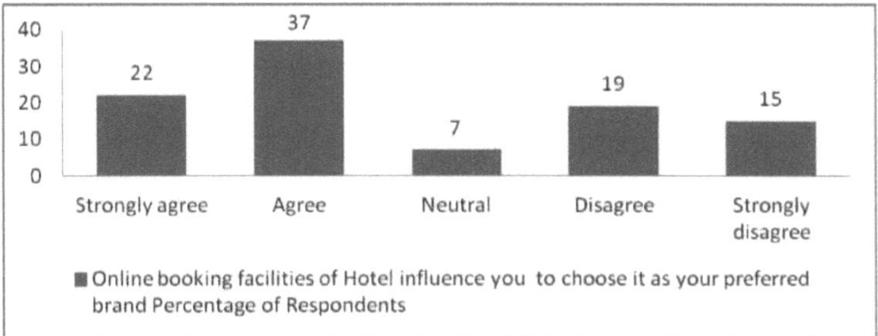

Figura 22: As facilidades de reserva em linha do hotel influenciam-no a escolhê-lo como a sua marca preferida

Pergunta 20: A página de fãs de um hotel nas redes sociais é emocionante e divertida

Para atrair a atenção dos clientes, as atractivas páginas de fãs nas redes sociais desempenham um papel eficaz. A este respeito, foi perguntado aos inquiridos se a página de fãs nas redes sociais do Savoy Hotel é animada e agradável ou não. As respostas da amostra a esta pergunta são apresentadas no quadro seguinte:

A página de fãs do hotel nas redes sociais é emocionante e divertida	
Sugestões	Percentagem de inquiridos
Concordo plenamente	17
Concordo	22
Neutro	8
Não concordo	36
Discordo totalmente	17
Total	100

Quadro 24: A página de fãs do hotel nas redes sociais é entusiasmante e divertida

A tabela acima mostra que 17% dos inquiridos discordaram fortemente da afirmação acima. 22% dos inquiridos concordaram e 8% dos inquiridos mantiveram-se imparciais. Em reação a esta pergunta, 36% dos inquiridos discordaram e 17% dos inquiridos mostraram uma forte discordância. No gráfico seguinte, estão resumidas as respostas dos clientes relativamente à duração da sua relação com o hotel:

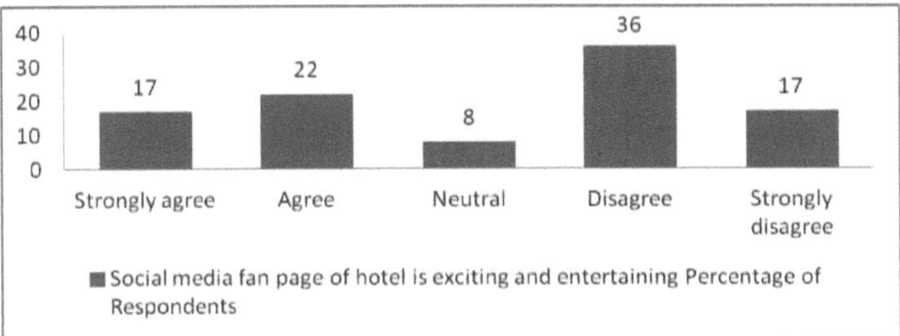

Figura 23: A página de fãs do hotel nas redes sociais é entusiasmante e divertida

Questão 21: O comportamento correto e educado dos empregados influencia a sua decisão de voltar a visitar o hotel e a comunidade

Por último, foi perguntado aos inquiridos se o comportamento educado e correto dos empregados do Savoy Hotel influencia as suas intenções de visitar o hotel. As respostas da amostra a esta pergunta são apresentadas no quadro seguinte:

O comportamento bom e educado dos empregados influencia a sua decisão de voltar a visitar o hotel e a comunidade	
Sugestões	Percentagem de inquiridos
Concordo plenamente	27
Concordo	35
Neutro	8
Não concordo	21
Discordo totalmente	9
Total	100

Tabela 25: O comportamento bom e educado dos empregados influencia a sua decisão de voltar a visitar o hotel e a comunidade

A tabela acima mostra que 27% dos inquiridos discordaram fortemente da afirmação acima. 35% dos inquiridos concordaram e 8% dos inquiridos mantiveram-se imparciais. Em reação a esta questão, 21% dos inquiridos discordaram e 9% dos inquiridos mostraram uma forte discordância. No gráfico seguinte, estão resumidas as respostas dos clientes relativamente à duração da sua relação com o hotel:

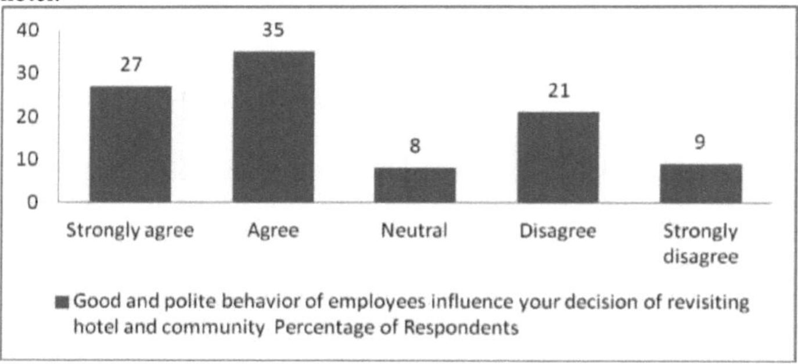

Figura 24: O comportamento bom e educado dos empregados influencia a sua decisão de voltar a visitar o hotel e a comunidade

4.3 Conclusão

Este capítulo apresenta uma visão pormenorizada dos resultados dos dados primários da investigação. Os resultados do inquérito por questionário foram tabulados sob a forma de percentagens. Para além disso, o capítulo apresenta também uma representação gráfica dos resultados. Este capítulo não procedeu à análise ou interpretação dos resultados. No próximo capítulo, será efectuada a análise dos resultados.

Capítulo 5

Análise das conclusões

5.1 Introdução

Neste capítulo, os resultados dos dados primários são analisados de forma crítica. O investigador discutiu as conclusões e interpretou-as em termos do seu significado. Para analisar os resultados dos dados primários, recorre-se também a dados secundários. Os resultados dos dados primários são comparados com a teoria descrita na revisão da literatura. Desta forma, são identificadas as semelhanças e diferenças entre os resultados dos dados primários e secundários.

5.1 Perfil dos inquiridos

Os resultados da investigação sugerem que a maior parte dos inquiridos era composta por homens. A percentagem de mulheres era baixa na amostra, o que pode ser interpretado de duas formas. A primeira é que o Savoy Hotel pode ter mais clientes do sexo masculino do que do sexo feminino. Em segundo lugar, o facto de os homens terem uma atitude elevada em relação à resposta aos questionários. Os resultados da investigação também sugerem que a maioria dos inquiridos pertencia a categorias etárias jovens, com idades compreendidas entre os 30 anos. A percentagem de inquiridos com mais de 40 anos era menor. Isto sugere que as pessoas de categorias etárias mais elevadas têm menos tendência para visitar comunidades e hotéis. Estas conclusões têm implicações significativas para a gestão do Hotel Savoy, no sentido de atrair turistas. A direção pode considerar adequado para as suas estratégias de marketing oferecer descontos e serviços diferenciados a pessoas de idade mais avançada para as atrair. Relativamente à ocupação dos inquiridos, verificou-se que a maioria dos inquiridos eram homens de negócios, o que sugere que podem visitar a comunidade local e ficar no hotel para as suas reuniões de negócios ou negócios. Além disso, também foi revelado que uma percentagem significativa de estudantes e funcionários públicos também visitam o hotel e ficam lá alojados. Estas conclusões também têm implicações significativas para a gestão no que respeita às estratégias de marketing. A gerência pode identificar o grupo de clientes que tem uma percentagem elevada no seu perfil de cliente. No que diz respeito ao objetivo da visita ao hotel, verificou-se que a maioria dos inquiridos visitou o hotel para visitar a comunidade local. Além disso, uma percentagem significativa dos inquiridos costumava visitar o hotel para as suas reuniões de negócios. A direção pode avaliar as razões pelas quais os clientes visitam o Savoy Hotel. Além disso, pode conceber diferentes tipos de ofertas e serviços para diferentes clientes. Deste modo, os dados sobre o perfil dos clientes têm implicações significativas para a conceção de estratégias de marketing eficazes para atrair turistas. Na parte posterior da análise, as conclusões dos inquiridos sobre os esforços de marketing do Hotel Savoy são comparadas com o seu perfil pessoal e os resultados são obtidos.

5.2 Estratégias de produtos

No que se refere às estratégias de produto do Savoy Hotel, verificou-se que a maioria dos inquiridos concordou que o hotel oferece instalações de alojamento atractivas. O Savoy Hotel é conhecido pelas suas disposições inovadoras e atractivas. O Savoy Hotel caracteriza-se por alojamentos muito bem mobilados e quartos de alta qualidade. Os resultados da investigação sugerem que a maioria dos inquiridos concorda que as condições de alojamento do hotel são atractivas para eles. Os produtos do hotel podem ser classificados em componentes tangíveis e intangíveis. A componente tangível dos produtos hoteleiros refere-se às instalações de alojamento, aos quartos e ao mobiliário. Os profissionais de marketing têm de desenvolver componentes tangíveis e intangíveis atractivas para os clientes do hotel. A este respeito, verificou-se que o Savoy Hotel oferece produtos atractivos (componente tangível) aos clientes. Neste contexto, é importante notar que os clientes que costumavam visitar o Savoy Hotel para reuniões de negócios consideravam que as instalações de alojamento não eram atractivas. Por conseguinte, deduz-se que os clientes empresariais do Savoy Hotel podem necessitar de instalações de alojamento distintas que possam ajudar nas suas reuniões de negócios. A este respeito, a gerência do Hotel Savoy tem de tomar medidas adequadas para os clientes que não consideram atractivos os produtos tangíveis do hotel. Por outro lado, os produtos intangíveis do Savoy Hotel, como a limpeza e o saneamento, são muito bons. Em resposta à limpeza e ao saneamento, alguns empresários discordaram que os serviços do hotel são bons. Pearce (2008) afirmou que o desafio de marketing para os hotéis consiste em reter os seus clientes actuais através da oferta de produtos tangíveis de elevada qualidade. Neste sentido, a direção do Savoy Hotel precisa de fazer alterações no seu perfil de produto.

5.3 Estratégias de fixação de preços

As estratégias de fixação de preços dos hotéis são diferentes das estratégias de fixação de preços de outros sectores. Em resposta às estratégias de fixação de preços, a maioria dos inquiridos concordou que os mecanismos de fixação de preços do Hotel Savoy são justos. Este facto pode ser atribuído à elevada qualidade e ao alojamento atrativo do Savoy Hotel. Para diferentes grupos de clientes, como clientes empresariais e clientes recreativos, são oferecidos preços diferentes com base nos serviços prestados pelo hotel. Em termos de preço, as entrevistas com a gerência revelaram que o Savoy Hotel oferece serviços de alta qualidade e instalações de alojamento aos clientes que podem ser compensados com um processo elevado. Em termos de preços, a maioria dos inquiridos revelou que o mecanismo de preços justos do Savoy Hotel os convence a visitar o hotel com frequência. Os dados secundários sugerem que os preços justos e competitivos podem ser muito atractivos para os clientes. No entanto, muitos clientes empresariais discordaram do facto de não visitarem o Savoy Hotel devido às suas estratégias de preços. Podem ter outras preferências, como serviços de qualidade e instalações de alojamento, para visitar o Savoy Hotel.

5.4 Práticas de promoção

Relativamente às ofertas promocionais, verificou-se que o Savoy Hotel oferece determinados descontos aos clientes. As ofertas promocionais são uma ferramenta eficaz para aumentar as vendas de uma organização num curto espaço de tempo. A maioria dos inquiridos concordou que o Savoy Hotel lhes oferece descontos. No entanto, os inquiridos que eram comparativamente novos clientes do hotel discordaram que lhes fossem oferecidos descontos. Pode deduzir-se que o Savoy Hotel oferece descontos aos seus clientes antigos para respeitar as suas relações com o hotel. No entanto, esta prática pode ser desencorajadora para os novos clientes do hotel, a quem não são oferecidos descontos.

Os produtos e serviços podem ser promovidos através de anúncios e de mecanismos de venda pessoal. A este respeito, verificou-se que a maioria dos inquiridos foi atraída pela publicidade impressa do Hotel Savoy. A publicidade do hotel na imprensa escrita, juntamente com o destino turístico, pode ser influente para atrair turistas. Por conseguinte, as empresas preferem promover os seus destinos através de anúncios na imprensa escrita. Os dados secundários de Pearce (2008) confirmam que a publicidade é uma fonte eficaz de promoção de hotéis e destinos turísticos. No sector da gestão hoteleira, a venda pessoal também é realizada para atrair bons clientes que possam permanecer na empresa durante um longo período de tempo. A este respeito, os inquiridos sugeriram que os esforços de venda pessoal do Savoy Hotel não influenciaram as suas decisões de o visitar. Pode inferir-se que os esforços de venda pessoal do Savoy Hotel não são eficazes e produtivos para atrair a atenção dos turistas. Por conseguinte, a direção tem de desempenhar o seu papel para melhorar os esforços de venda pessoal. No que se refere às promoções de vendas, verificou-se que os inquiridos não se sentem atraídos pelas promoções de vendas do Hotel Savoy. A este respeito, podem ser feitas duas deduções. Em primeiro lugar, as actividades de promoção de vendas do Hotel Savoy não são eficazes e produtivas para atrair turistas e visitantes. Em segundo lugar, os clientes preferem outras caraterísticas, como a qualidade, a localização, o preço e os serviços de valor acrescentado, para visitar o Savoy Hotel. Relativamente aos esforços promocionais, os dados secundários mostram que as organizações da indústria do turismo podem aumentar as suas vendas através de embalagens e promoções atractivas (Pearce, 2008). Por conseguinte, a gestão deve ter em conta a necessidade de tomar decisões sobre a continuação das promoções de vendas ou a sua eliminação, uma vez que a maioria dos clientes não se sente atraída pelas promoções de vendas.

5.5 Serviços ao cliente

Os serviços ao cliente são considerados muito importantes no sector hoteleiro. Quando os clientes do hotel verificam que são bem tratados, é mais provável que voltem a visitar o mesmo hotel. No Savoy Hotel, a maioria dos clientes sugeriu que os serviços ao cliente do hotel são bons e rápidos. Isto pode induzir uma perceção de qualidade do hotel na mente dos clientes, porque os componentes intangíveis de um produto são altamente atractivos para os clientes. A resposta rápida às perguntas também é importante para facilitar a vida dos clientes num curto espaço de tempo. Em resposta a esta pergunta, alguns inquiridos que eram comparativamente novos clientes do Hotel Savoy responderam em desacordo com a afirmação de bons serviços ao cliente. Neste caso, pode deduzir-se que os empregados do Hotel Savoy preferem servir os clientes antigos de forma eficaz, enquanto os novos clientes são comparativamente ignorados em termos de resposta rápida a consultas. No contexto dos serviços ao cliente, o aspeto humano da organização não pode ser ignorado. As pessoas são os aspectos organizacionais que definem o serviço. Os estudiosos sugerem que as pessoas na organização desempenham um papel importante na venda pessoal, no controlo da qualidade e na prestação de serviços de qualidade (Leo et al., 2009). A este respeito, a avaliação do comportamento das pessoas na organização foi importante para a investigação. A maioria dos inquiridos sugeriu que os empregados do Hotel Savoy são educados e simpáticos no seu comportamento. Além disso, o seu comportamento educado influencia os clientes a escolher o Hotel Savoy como alojamento durante o turismo. No entanto, 30% dos inquiridos discordaram da afirmação de que o comportamento educado dos empregados do Savoy Hotel influencia a sua decisão de voltar a visitar o hotel e a comunidade. A este respeito, foi analisado o perfil pessoal dos inquiridos e a sua relação com o hotel. Ao analisar estes aspectos, verificou-se que os inquiridos que tinham uma relação de curta duração com o Hotel Savoy discordavam da afirmação. A partir das entrevistas, verificou-se que a direção do Hotel Savoy dá formação aos empregados para lidarem com os clientes de uma forma eficaz. Além disso, a direção também revelou que os empregados do Savoy Hotel são orientados para servir os clientes como a sua prioridade mais importante. A resposta contraditória da direção e dos clientes sugere que a direção tentou defender a sua posição no que diz respeito a lidar com os clientes de uma forma justa.

5.6 Serviços de valor acrescentado

Os serviços de valor acrescentado são também uma forma silenciosa de comercializar a organização turística. Nos resultados do inquérito, verificou-se que o Hotel Savoy não fornece serviços de valor acrescentado, como transporte e guias de viagem, a todos os clientes. Os inquiridos que têm relações de longo prazo com o hotel receberam serviços de valor acrescentado, como transporte e guias de viagem. Aos inquiridos que costumavam visitar o Savoy Hotel para fins recreativos foram oferecidos serviços de guias de viagem. Os resultados também sugerem que aos clientes de longa data do Savoy Hotel foram oferecidos presentes e lembranças para valorizar a sua relação de longa data. Trata-se de uma tática de marketing muito eficaz do Savoy Hotel, que influencia as intenções dos clientes de ficarem no mesmo hotel no futuro. Os pontos de vista da direção nas entrevistas sugeriram que preferem os seus clientes de longa duração através de várias ofertas distintivas, como presentes e lembranças. No entanto, os inquiridos que estiveram no Savoy Hotel durante um curto período de tempo não receberam tais lembranças.

5.7 Comunicação com os clientes

No sector do turismo, as estratégias de comunicação das organizações desempenham um papel importante no sentido de informar os clientes sobre as ofertas das organizações. A este respeito, o Savoy Hotel tem-se revelado eficaz no fornecimento de informações atempadas aos clientes. Os resultados do estudo sugerem que a maioria dos inquiridos prefere procurar informações sobre os produtos e serviços do Savoy Hotel. Uma percentagem elevada de inquiridos revelou que recebe informações atempadas do Savoy Hotel sobre as suas ofertas. No entanto, os inquiridos que tinham uma relação de muito curta duração com o hotel não receberam informações do hotel sobre as suas ofertas futuras. Fornecer informações atempadas aos clientes sobre as ofertas futuras através de boletins informativos e e-mails pode ser uma técnica eficaz dos hotéis para estabelecer relações com os clientes e também para os vender a retalho. A perspetiva da gerência no que se refere à comunicação com os clientes também sugere que procuram desenvolver relações estreitas com os clientes, mantendo-se em contacto com eles através de e-mails e boletins informativos.

As entrevistas com os gestores revelaram que a comunicação com os clientes é muito importante para os fidelizar. Sugeriram que uma comunicação eficaz com os clientes é tão importante como os principais produtos ou ofertas do hotel. As evidências de fontes secundárias (Berkowitch, 2010) também apoiaram a ideia de que uma comunicação eficaz e frequente é importante para as organizações do sector do turismo, a fim de atrair clientes no futuro.

5.8 Marketing nas redes sociais

Nas fontes de dados secundárias, é explicada a grande importância do marketing nas redes sociais para o sector do turismo. As organizações do sector do turismo dirigem as suas ofertas comerciais a um grande número de clientes que residem em locais distantes. Neste contexto, o marketing nas redes sociais é extremamente importante. Os resultados do inquérito sugerem que a maioria dos inquiridos tem acesso fácil ao sítio Web do Savoy Hotel. Os inquiridos que discordaram foram os muito idosos (mais de 60 anos), que podem não ter conhecimentos adequados de Internet, ou as donas de casa, que podem não ter acesso à Internet. Através dos sítios Web, o Savoy Hotel pode informar os seus clientes sobre as suas ofertas futuras e actuais de uma forma rentável. A maioria dos inquiridos sugeriu que as facilidades de reserva em linha do Savoy Hotel são convenientes para eles. A este respeito, muitos clientes empresariais do Savoy Hotel mostraram a sua forte concordância. Quanto à eficácia das redes sociais, verificou-se que muitos jovens inquiridos visitam e participam frequentemente na página de fãs do Savoy Hotel no Facebook. No entanto, os inquiridos de categorias etárias mais elevadas (acima dos 50 anos) não visitaram a página de fãs do Savoy Hotel no Facebook. Isto deve-se ao facto de os jovens terem mais conhecimentos sobre a Internet e as redes sociais do que as pessoas mais velhas. Por conseguinte, estas conclusões têm implicações de marketing para os profissionais de marketing do Savoy Hotel, que devem atrair clientes jovens através do marketing nas redes sociais. É importante notar que a comunicação de informações fiáveis é extremamente importante para a eficácia do marketing nas redes sociais. Os resultados do inquérito sugerem que mais de 50% dos inquiridos sugerem que as práticas de marketing nas redes sociais do Hotel Savoy não fornecem informações fiáveis. Este facto é bastante alarmante para a eficácia dos esforços de marketing nas redes sociais do Savoy Hotel. As entrevistas com a direção também revelaram que o Savoy Hotel tem enfrentado desafios em relação ao marketing nas redes sociais. Os resultados da entrevista revelaram que, devido à fraca resposta do marketing nas redes sociais, a direção do Savoy Hotel não investiu fortemente nas redes sociais. Esta é a razão pela qual a maioria dos inquiridos não considerou a página de fãs do Savoy Hotel excitante e agradável. Devido ao baixo investimento em marketing nas redes sociais, os profissionais de marketing do Savoy Hotel podem não atualizar a página de fãs do Savoy Hotel, o que pode ser aborrecido para o público da página. Contrariamente a isto, os dados secundários sugerem que o investimento das organizações turísticas no marketing das redes sociais pode aumentar o conhecimento da marca e a publicidade (Stelzner, 2010). Por conseguinte, a direção do Savoy Hotel precisa de desenvolver práticas eficazes de marketing nas redes sociais. Em relação à eficácia das redes sociais, verificou-se que uma grande percentagem dos inquiridos discordou da afirmação de que outros membros da página de fãs influenciam as suas decisões de visitar o Savoy Hotel. Este facto é novamente atribuído aos esforços ineficazes dos profissionais de marketing para interagir com o público na página de fãs. Se os profissionais de marketing se envolverem com o público na página de fãs e responderem prontamente às suas questões, as organizações do sector do turismo podem atrair mais turistas (Stelzner, 2010). Por conseguinte, a direção do Savoy Hotel precisa de desenvolver esforços eficazes nas redes sociais para atrair clientes jovens, que têm grandes tendências para utilizar a Internet e as redes sociais.

5.9 Conclusão

Este capítulo apresenta a análise pormenorizada dos resultados da investigação. As conclusões dos dados primários do inquérito e das entrevistas foram integradas neste capítulo. Além disso, a relação entre as conclusões dos dados primários e as conclusões dos dados secundários também é mantida para uma interpretação eficaz dos resultados. Através da análise dos resultados, foram identificados vários aspectos positivos dos esforços de marketing do Hotel Savoy. Por outro lado, neste capítulo são também identificados muitos desafios enfrentados pela direção do Hotel Savoy no que respeita às suas actividades de marketing. Através destas análises, os resultados da investigação serão apresentados sob a forma de conclusões no capítulo seguinte.

Conclusões e recomendações

Introdução

Neste capítulo, os resultados da investigação são apresentados sob a forma de conclusões. Neste capítulo, são revistos todos os objectivos da investigação. Avalia-se se o investigador atingiu todos os objectivos da investigação. Com base nos resultados e nas conclusões, são propostas à direção do Hotel Savoy algumas recomendações para melhorar os seus esforços de marketing com vista a atrair mais turistas. Para além destes aspectos, as limitações da investigação também são discutidas neste capítulo. Por último, o investigador também propôs perspectivas de investigação futuras neste capítulo.

Conclusão

A investigação teve como objetivo avaliar os esforços de marketing do Hotel Savoy para atrair turistas. Para atingir este objetivo, o investigador adoptou métodos mistos. De acordo com estes métodos, foi realizado um inquérito aos clientes do Hotel Savoy. Além disso, também foram realizadas entrevistas com a direção do Hotel Savoy para avaliar as suas opiniões sobre as estratégias de marketing e a sua influência na atração de turistas. Os objectivos desta investigação são revistos da seguinte forma:

- O primeiro objetivo era sobre modelos e teorias do desenvolvimento do turismo. Neste Relativamente a este aspeto, os resultados dos dados secundários sugerem que o desenvolvimento do turismo se distribui por quatro fases. A primeira fase do desenvolvimento do turismo tem um número muito limitado de turistas. Nesta fase, as organizações do sector do turismo têm um potencial de mercado muito elevado. A segunda fase do ciclo turístico está associada ao aumento do número de turistas. Nesta fase, as organizações do sector do turismo precisam de melhorar as suas estratégias de marketing, tais como publicidade e promoções intensas para atrair turistas. A terceira fase do ciclo do turismo está associada ao número máximo de visitantes. Nesta fase, as organizações precisam de mudar o seu foco da publicidade e das promoções para serviços de valor acrescentado para reter os clientes. Nesta fase, as instalações existentes nos locais turísticos estão a ser substituídas por instalações artificiais. A fase final do ciclo do turismo está associada à redução do número de visitantes. Nesta fase, as organizações do sector do turismo têm de tomar medidas no que diz respeito a produtos e serviços de alta tecnologia para atrair clientes. O Savoy Hotel introduziu inovações significativas no hotel em 2007 porque atingiu a fase de declínio do ciclo turístico. A este respeito, fez grandes inovações na organização, a fim de atrair mais turistas.

- O segundo objetivo da investigação era avaliar o impacto do planeamento no turismo desenvolvimento. A este respeito, os resultados dos dados secundários sugerem que o planeamento em diferentes fases do ciclo turístico é extremamente importante. As conclusões dos dados secundários sugeriram que cada ciclo do turismo tem aspectos diferentes. O número de turistas em cada fase do ciclo turístico é diferente. Neste sentido, as organizações precisam de desenvolver estratégias e tácticas de marketing diferentes para atrair turistas em cada fase do ciclo turístico. Isto também é claro no contexto do Savoy Hotel, que desenvolveu planos diferentes em diferentes fases do ciclo turístico.

- O objetivo seguinte da investigação era avaliar o impacto das estratégias de marketing na desenvolvimento do turismo, bem como na atração de turistas para as organizações de turismo. As conclusões dos dados primários e secundários revelaram que os turistas reagem aos esforços de marketing das organizações. Para além disso, as estratégias de comunicação de marketing das organizações turísticas também influenciam as intenções de compra dos turistas. Por conseguinte, as estratégias de marketing têm um elevado nível de importância para as organizações no desenvolvimento do turismo. No contexto do Hotel Savoy, verificou-se que os esforços de marketing da organização influenciam as intenções de compra dos clientes de diferentes formas. A investigação revelou que o Savoy Hotel oferece condições de alojamento atractivas aos clientes que reconhecem estes produtos. Foi também revelado que a limpeza e o sistema de saneamento do Savoy Hotel são igualmente atractivos para os turistas.

Os resultados da investigação sugeriram que muitos clientes empresariais não consideraram boas as instalações de alojamento do Savoy Hotel. Poderiam estar à procura de algumas instalações distintas e relacionadas com negócios no hotel. Em termos de estratégias de preços, a maioria dos inquiridos sugeriu que o Savoy Hotel oferece preços justos que compensam a elevada qualidade dos produtos e serviços do hotel. Verificou-se também que o mecanismo de preços justos do Savoy Hotel persuade os clientes a visitarem o hotel com frequência. Os resultados dos dados primários sugerem que o Savoy Hotel concede descontos aos seus clientes antigos. Além disso, os novos clientes do hotel são ignorados no que respeita aos descontos. Este fator pode desencorajar os novos clientes do hotel, que poderão não visitar o hotel na próxima vez. Por conseguinte, os profissionais de marketing do Savoy Hotel precisam de ter políticas adequadas de descontos ou outras reduções de preços para os novos clientes. Foi também revelado que o Savoy Hotel promove os seus produtos e serviços através de anúncios e de vendas pessoais. No entanto, a maior parte dos inquiridos sugeriu que não moldou as suas decisões de compra devido aos mecanismos de venda pessoal do Savoy Hotel. Conclui-se que os esforços de venda pessoal do Savoy Hotel não são eficazes e produtivos para atrair a atenção dos turistas. Em termos de serviços ao cliente, os resultados da investigação elucidaram que os empregados do Savoy Hotel se comportam de forma correta e educada, o que atrai a atenção dos clientes. Além disso, os resultados dos dados primários também revelaram que a maioria dos novos clientes não recebeu a devida atenção por parte dos empregados, o que pode torná-los insatisfeitos com o hotel. Contrariamente a este facto, os resultados da entrevista sugerem que a empresa dá formação aos seus empregados para lidarem com os clientes de forma justa. Pode concluir-se que as práticas de gestão para levar os empregados a lidar com os clientes de forma justa não estão a transformar-se em esforços produtivos. Relativamente aos produtos de valor acrescentado, foi revelado que os clientes antigos e fiéis do Savoy Hotel recebem serviços de valor acrescentado, tais como presentes e lembranças. No entanto, os novos clientes não recebem estas ofertas. Estas práticas do hotel podem desencorajar os novos clientes. Em termos de comunicação, verificou-se que o Savoy Hotel comunica com os clientes de forma eficaz através de boletins informativos e e-mails para os informar sobre novas ofertas da empresa. Conclui-se que a gestão se concentrou em desenvolver relações estreitas com os clientes, mantendo-se em contacto com eles através de e-mails e boletins informativos.

- Relativamente aos esforços de marketing nas redes sociais, o desempenho do Savoy Hotel não foi

considerados atractivos. Isto porque a maioria dos inquiridos revelou que os sítios das redes sociais dos hotéis não eram atractivos e agradáveis. Além disso, o fornecimento de informações fiáveis no sítio das redes sociais também foi questionado. Muitos jovens clientes do hotel costumavam visitar a página de fãs do Savoy Hotel. No entanto, a gerência não lhes forneceu informações fiáveis e assistência relativamente aos produtos e serviços do hotel. A este respeito, as actividades de marketing nas redes sociais do Savoy Hotel não foram consideradas muito atractivas e produtivas para a organização.

- Relativamente aos desafios enfrentados pelo Savoy Hotel, verificou-se que os antigos clientes do hotel

Os novos clientes do hotel tiveram grande preferência na concessão de descontos, reduções de preços, serviços de valor acrescentado e ofertas. Por outro lado, os novos clientes do hotel não receberam estas ofertas, o que pode desencorajá-los a ficar no mesmo hotel no futuro. Verificou-se também que os clientes empresariais do Hotel Savoy discordavam do facto de lhes ser fornecido alojamento de qualidade e serviços de valor acrescentado. Os resultados dos dados primários também revelaram que as tácticas de marketing nas redes sociais do Savoy Hotel não são produtivas. A maioria dos inquiridos que costumava visitar a página de fãs do Savoy Hotel não obteve informações fiáveis e adequadas sobre os produtos e serviços do Savoy Hotel.

A conclusão da investigação revela que o Savoy Hotel é eficaz na sua estratégia de marketing para os seus clientes antigos. No entanto, os clientes empresariais e alguns novos clientes enfrentaram alguns problemas. Conclui-se também que, apesar dos enormes benefícios das redes sociais, o Savoy Hotel não conseguiu alcançar os seus potenciais benefícios. A este respeito, a direção do Savoy Hotel precisa de fazer alterações adequadas nas suas tácticas de marketing para atrair turistas no futuro. Com base nos resultados da investigação, a hipótese H1 da investigação é aceite, o que sugere que as estratégias de marketing do Savoy Hotel estão relacionadas com a atração de turistas.

Recomendações

Foram propostas as seguintes recomendações à direção do Savoy Hotel para atrair turistas:

- Proporcionar reduções de preços e descontos adequados aos novos clientes como uma oferta atractiva.

   As reduções de preços, juntamente com produtos e serviços de qualidade, podem ser atractivas para os novos clientes do Savoy Hotel.

- Fornecer às empresas serviços diferenciados de alojamento e de habitação relacionados com as empresas

   clientes do Savoy Hotel. Os clientes empresariais têm grandes negócios com o hotel, pelo que devem ser tratados com grande preocupação. Para reter os clientes empresariais durante um longo período de tempo, a direção do Savoy Hotel tem de fornecer serviços de valor acrescentado relacionados com o negócio.

- A gerência do Savoy Hotel precisa de alterar os seus esforços de marketing nas redes sociais.

   As conclusões dos dados secundários sugeriram vários benefícios do marketing nas redes sociais para as organizações do sector do turismo. Uma grande percentagem de jovens clientes do Savoy Hotel visita a sua página de fãs, mas não a considera atractiva e fiável. A este respeito, recomenda-se que a gestão do Savoy Hotel preste muita atenção para tornar a sua página de fãs atractiva e agradável. Além disso, os clientes devem ser comunicados de forma eficaz nas redes sociais.

Limitações da investigação

A limitação desta investigação é a seguinte:

- Esta investigação limita-se a uma pequena amostra de 100 sujeitos e 5 gestores
- os resultados da investigação estão limitados a uma única organização
- Os resultados do investigador limitam-se ao sector hoteleiro da indústria do turismo
- os resultados da investigação estão limitados às respostas dadas pelos inquiridos

Investigação futura

Os futuros investigadores têm a oportunidade de melhorar a generalização dos resultados desta investigação. Podem utilizar uma amostra grande de diferentes organizações da indústria do turismo. Desta forma, os resultados da investigação podem ser generalizados a outras organizações da indústria do turismo.

Referências

Aneshensel, C. S. (2002). *Theory Based Data Analysis for the Social Sciences*. Sage: Los Angeles.

Berkowitch, A. (2010). What Does Success Look Like for Your Company: Social Media Starting Points with Measurable Returns. *People and Strategy*, **33**(3), pp. 10.

Booth, W. C., Colomb, G. G. & Williams, J. M. (2008). *The Craft of Research*. Chicago: University of Chicago Press.

Braun, P. & Hollick, M. (2006). Tourism Skills Delivery: Sharing Tourism Knowledge Online. *Educação e Formação*, **48**(8/9), pp. 693-703.

Butler, R. W. (1980). O conceito de ciclo de evolução da área turística: Implications for Management of Resources. *Canadian Geographer*, **24**, pp. 5-12.

Clark, S. & Scott, N. (2006). Managing Knowledge in Tourism Planning: And How to Assess Your Capability. *Journal of Quality Assurance in Hospitality & Tourism*, **7**(1), pp. 117-136.

Creswell, J. W. (2008). *Conceção da investigação: Qualitative, Quantitative, and Mixed Methods Approaches (Abordagens qualitativas, quantitativas e de métodos mistos)*. Los Angeles: Sage.

El-Gohary, H. (2010). *E-Marketing: Towards a Conceptualization of a New Marketing Philosophy*. In M. Cruz-Cunha e J. Eduardo Varajao (eds.), E-business Issues, Challenges and Opportunities for SMEs: Impulsionar a competitividade. Hershey: IGI Global.

Facebook. (2011). *Sala de imprensa*. Recuperado de http://newsroom.fb.com/content/default.aspx?NewsAreaId=22 (acedido em: 17 de março de 2013).

Fink, A. (2005). *Como realizar inquéritos: A Step-by-Step Guide*. Los Angeles: Sage.

Formica, S. (2000). *Tourism Attractiveness as a Function of Supply and Demand Interaction*. Dissertação de doutoramento não publicada. Virgínia: Instituto Politécnico e Universidade Estadual da Virgínia.

Fowler, F. J. (2002). *Survey Research Methods (Métodos de Investigação Social Aplicada)*. Los Angeles: Sage.

Groves, R. M., Fowler Jr., F. J., & Couper, M. P. & Lepkowski, J. P. (2004). F. J., & Couper, M. P., & Lepkowski, J. P. (2004). *Survey Methodology (Série Wiley em Metodologia de Inquérito)*. Chichester: Wiley.

Gursoy, D., Jurowski, C., & Uysal, M. (2002). Atitudes dos residentes: A Structural Modeling Approach. *Annals of Tourism Research*, **29**(1), pp. 79-105.

Hall, C. M. & Jenkins, J. (2004). *Tourism and Public Policy*. Em A. Lew, C. M. Hall e A. M. Williams (Eds.) A Companion to Tourism. Malden, MA: Blackwell Publishing Ltd.

Hallin, C. A. & Marnburg, E. (2008). Knowledge Management in the Hospitality Industry: A Review of Empirical Research. *Tourism Management*, **29**(2), pp. 366-381.

Haywood, K. M. (1986). Can Tourist Life Cycle Be Made Operational? *Tourism Management*, **7**, pp. 154-167.

Holden, A. (2000). *Environment and Tourism*. London: Routledge.

Hsu, C. H. C. (2000). Apoio dos residentes ao jogo legalizado e impactos percebidos dos casinos fluviais: Changes in Five Years. *Journal of Travel Research*, **38**(4), pp. 390395.

Huang, L., Chen, H-K., & Wu, Y-W. (2009). What Kind of Marketing Distribution Mix Can Maximize Revenues: The Wholesaler Travel Agencies' Perspective? *Journal of Tourism Management*, **30**(5), pp. 733-739.

Jayawandera, C. (2003). Desenvolvimento do turismo sustentável no Canadá: Practical challenges. *International Journal of Contemporary Hospitality Management*, **15**(7), pp.

408-412.

Kaplan, A. M. & Haenlein, M. (2010). Utilizadores do mundo, uni-vos! Os desafios e as oportunidades dos media sociais. *Business Horizons,* **53**(1), pp. 59-68.

Kaplan, A. M. (2012). Se gostas de algo, deixa-o ir para o telemóvel: Mobile Marketing and Mobile Social Media 4x4. *Business Horizons*, **55**(2), pp. 129-139.

Kasavana, M. L. (2008). *The Unintended Consequences of Social Media and the HospitalityIndustry.* Retrievedfrom http://www.hospitalityupgrade.com/_files/File_Articles/HUFall08_Kasavana_SocialMe di aandHospitality.pdf (acedido em: 17 de março de 2013).

Kasavana, M. L., Nusair, K., & Teodosic, K. (2010). Online Social Networking: Redefinindo a Web Humana. *Journal of Hospitality and Tourism Technology,* **1**(1), pp. 68-82.

Kietzmann, J. H., Hermkens, K., McCarthy, I. P., & Silvestre, B. S. (2011). Redes sociais? Fala sério! Compreender os blocos de construção funcionais dos media sociais. *Business Horizons*, **54**(3), pp. 241-251.

Li, X. & Wang, Y. C. (2011). China in the Eyes of Western Travelers as Represented in Travel Blogs. *Journal of Travel & Tourism Marketing*, **28**(7), pp. 689-719.

Lundtorp, S. & Wanhill, S. (2001). A Teoria do Ciclo de Vida do Resort: Generating Processes and Estimation. *Annals of Tourism Research*, **28**(4), pp. 947-964.

Lynn, G. S., Lipp, S. M., Akgün, A. E., & Cortez, A. (2002). Factors Impacting the Adoption and Effectiveness of the World Wide Web in Marketing (Factores que afectam a adoção e a eficácia da World Wide Web no marketing). *Industrial Marketing Management*, **31**(1), pp. 35-49.

Mather, V. (2010). *The Savoy Hotel, Londres, reabre após restauração de £ 220 milhões.* Obtido em: http://www.telegraph.co.uk/travel/hotels/ukhotels/8050136/The-Savoy- hotel-London-reopens-after-220-million-restoration.html (acedido em: 1 de janeiro de 2013).

Noone, B. M., Mcguire, K. A., & Rohlfs, K. V. (2011). Social Media Meets Hotel Revenue Management: Opportunities, Issues and Unanswered Questions (Oportunidades, problemas e perguntas sem resposta). *Journal of Revenue and Pricing Management,* **10**(4), pp. 293-305.

Pan, S. (2011). O que é a investigação social?, *WiseGEEK* 2, pp.1-9.

Pearce, D. G. (2008). A Needs-Functions Model of Tourism Distribution. *Annals of tourism research*, **35**(1), pp. 148-168.

Plog, S. (2001). Why Destination Areas Rise and Fall in Popularity: An Update of a Cornell Quarterly Classic. *Cornell Hotel and Restaurant Administration Quarterly*, **42**(3), pp. 13-24.

Pu" hringer, S. & Taylor, A. (2008). A Practitioner's Report on Blogs as a Potential Source of Destination Marketing Intelligence (Relatório de um profissional sobre blogues como fonte potencial de informações de marketing de destinos). *Journal of Vacation Marketing*, **14**(2), pp. 177-187.

Pyo, S. (2005). Knowledge Map for Tourist Destinations-Needs and Implications (Mapa de Conhecimento para Destinos Turísticos - Necessidades e Implicações). *Tourism Management*, **26**(4), pp. 583-594.

Ross, J. (2002). Highlands Write Script for Film Location Success. Obtido em: http://www.scotsman.com/news/highlands-write-script-for-film-location-success-1-629291 (acedido em: 1 de janeiro de 2013).

Saunders, M., Lewis, P., & Thornhill, A. (2007). *Research Methods for Business Students.* Harlow: Prentice Hall Financial Times.

Savoy Hotel (2012). *Sobre nós.* Recuperado de: http://www.hotel-savoy.net/ (acedido em: 17 de março de 2013).

Schianetz, K., Kavanagh, L., & Lockington, D. (2007). O Turismo de Aprendizagem

Destino   : O potencial de uma abordagem de organização da aprendizagem para melhorar a
Sustainability of Tourism Destinations. *Tourism Management*, **28**(6), pp. 1485-1496.
Shaw, G. & Williams, A. (2009). Knowledge Transfer and Management in Tourism Organisations: An Emerging Research Agenda. *Tourism Management*, **30**(3), pp. 325335.
Smith, R. A. (1992). Evolução das estâncias balneares: Implications for Planning. *Annals of Tourism Research*, **19**, pp. 304-322.
Starkov, M. & Mechoso, M. (2008). *Best Practices on Monitoring Hotel Review Sites*. Obtido em: http://www.hospitalitynet.org/news/4037310.html (acedido em: 17 de março de 2013).
Stelzner, M. (2010). *Relatório da indústria de marketing nas redes sociais: Como os profissionais de marketing estão a usar as redes sociais para fazer crescer o   seu negócio*. Retrievedfrom   : http://www.Whitepapersource.com (acedido em: 17 de março de 2013).
Teo, P. & Lim, H. (2003). Global and Local Interactions in Tourism (Interações globais e locais no turismo). *Annals of Tourism Research*, **30**, pp. 287-306.
Thevenot, G. (2007). Blogging as a Social Media. *Tourism and Hospitality Review*, **7**(34), pp. 287-289.
Toh, R. S., Khan, H., & Koh, A. J. (2001). A Travel Balance Approach for Examining Tourism Area Life Cycles: The Case of Singapore. *Journal of Travel Research*, **39**, pp. 426-432.
Tosun, C. (2002). Percepções do anfitrião sobre os impactos: A Comparative Tourism Study. *Annals of Tourism Research*, **29**(1), pp. 231-253.
van Scotter, J. R. & Culligan, P. E. (2003). The Value of Theoretical Research and Applied Research for the Hospitality Industry (O valor da investigação teórica e da investigação aplicada na indústria hoteleira). *Cornell Hospitality Quarterly*, **44**(2), pp. 14-27.
Violino, B. (2011). Tendências dos media sociais. *Communications of the ACM,* **54**(2), pp. 17.
Weaver, D. & Lawton, L. (2001). Resident Perceptions in the Urban-Rural Fringe (Percepções dos residentes na fronteira urbano-rural). *Annals of Tourism research*, **28**(2), pp. 349-458.
Woods, M. & Deegan, J. (2006). The Fuchsia Destination Quality Brand: Low on Quality Assurance, High on Knowledge Sharing. *Journal of Quality Assurance in Hospitality & Tourism*, **7**(1), pp. 75-98.
Xiang, Z. (2010). Modeling the Persuasive Effects of Search Engine Results [Modelação dos efeitos persuasivos dos resultados dos motores de busca]. *Tecnologia da Informação e Turismo*, **12**(3), pp. 233-248.
Xiang, Z., Kothari, T., Hu, C., & Fesenmaier, D. R. (2007). Benchmarking como uma ferramenta estratégica para organizações de gestão de destinos: A Proposed Framework. *Journal of Travel & Tourism Marketing*, **22**(1), pp. 81-93.
Yang, J. (2007). Partilha de conhecimentos: Investigating Appropriate Leadership Roles and Collaborative Culture. *Tourism Management*, **28**(2), pp. 530-543.
Youtube. (2011). *Estatísticas*. Recuperado de: http://www.youtube.com/t/press_statistics (acedido em: 17 de março de 2013).

Apêndice 1:

Questionário para o inquérito

Caro inquirido,

Sou estudante do curso -------- de ------------------ Letras e tenho estado a realizar uma investigação para avaliar

impacto das estratégias de marketing na atração de turistas para o Hotel Savoy. Para o efeito, tenho de realizar um inquérito aos clientes do Hotel Savoy. Solicita-se que preencha este questionário com honestidade. Os dados fornecidos por vós serão mantidos em segurança. A sua cooperação neste inquérito será muito apreciada.

Cumprimentos

Nesta secção, identifique as suas informações pessoais.

Identificar o seu género

Masculino	
Feminino	

Identificar a sua faixa etária

Menos de 20 anos	
21 a 30 anos	
31 a 40 anos	
41 a 50 anos	
51 a 60 anos	
Mais de 60 anos	

Identificar a sua profissão

Estudante	
Funcionário público	
Empresários	
Dona de casa	
Reformado	
Outros	

Há quanto tempo visita o Savoy Hotel?

Duração da relação	
Anos	
Menos de 1 ano	
1 a 5 anos	
6 a 10 anos	
11 a 15 anos	
16 a 20 anos	
Mais de 20 anos	

Nesta secção, relembre a sua experiência passada sobre os factores que o atraíram para o Hotel Savoy no que diz respeito a actividades turísticas e responda às perguntas.

		Fortemente Não concordo	De acordo	Neutro	Não concordo	Fortemente Não concordo
		1	2	3	4	5
1	O hotel oferece condições atractivas para o alojamento					
2	Os serviços de saneamento e limpeza do hotel são bons					
3	O serviço de informação ao cliente do hotel é bom e rápido					
4	O hotel cobra preços justos pelos seus serviços					

5	A estrutura de preços do hotel leva-o a visitá-lo frequentemente					
6	O hotel oferece descontos substanciais nas suas ofertas					
7	Os serviços adicionais fornecidos pelo hotel, tais como guia turístico e serviços de transporte, fazem com que o visite frequentemente					
8	Ao sair do hotel após a estadia, são-lhe oferecidas lembranças e presentes					
9	As ofertas de promoção de vendas do hotel influenciam a sua decisão de o visitar					
10	Os anúncios de hotéis na imprensa escrita atraem a sua atenção e influenciam as suas decisões de visita					
11	As práticas de venda pessoal do hotel influenciam as suas decisões de o visitar					
12	O comportamento bom e educado dos empregados influencia a sua decisão de voltar a visitar o hotel e a comunidade					
13	Procura sempre obter informações actualizadas sobre o hotel					
14	O utilizador recebe informações frequentes sobre as ofertas novas e existentes do hotel através da newsletter					
15	Participa frequentemente na página de fãs do hotel no Facebook					
16	Obtém informações fiáveis sobre o hotel através das redes sociais					

17	A experiência de outros membros do hotel na página de fãs do Facebook desempenha um papel importante na sua decisão de visitar o hotel					
18	O acesso ao sítio Web do hotel é fácil					
19	As facilidades de reserva online do Hotel influenciam-no a escolhê-lo como a sua marca preferida					
20	A página de fãs do hotel nas redes sociais é emocionante e divertida					

Apêndice 2:

Questionário de entrevista de gestão

- Qual é a sua posição na organização?
- Há quanto tempo trabalha na organização?
- Quais são as preferências de marketing do Savoy Hotel?
- Como é que incorporam esquemas promocionais para atrair turistas?
- Como é que os empregados do Savoy Hotel desempenham o seu papel para atrair visitantes?
- Qual é o papel do marketing nas redes sociais na sua organização?

Printed by Books on Demand GmbH, Norderstedt / Germany